U0239846

集成电路系列丛书·集成电路产业专用装备

等离子体刻蚀工艺及设备

主　　编：赵晋荣

副主编：孙　岩　　李东三　　黄亚辉　　纪安宽

参　　编：蒋中伟　　林源为　　韦　刚　　李兴存

　　　　　唐希文　　董子晗　　连庆庆

电子工业出版社

Publishing House of Electronics Industry

北京·BEIJING

内 容 简 介

本书以集成电路领域中的等离子体刻蚀为切入点，介绍了等离子体基础知识、基于等离子体的刻蚀技术、等离子体刻蚀设备及其在集成电路中的应用。全书共 8 章，内容包括集成电路简介、等离子体基本原理、集成电路制造中的等离子体刻蚀工艺、集成电路封装中的等离子体刻蚀工艺、等离子体刻蚀机、等离子体测试和表征、等离子体仿真、颗粒控制和量产。本书对从事等离子体刻蚀基础研究和集成电路工厂产品刻蚀工艺调试的人员均有一定的参考价值。

本书适合相关领域的大专院校、研究所以及科技型公司的师生、科研人员和工程师等专业人员，以及对集成电路产业感兴趣的社会各界人士阅读参考。

图书在版编目（CIP）数据

等离子体刻蚀工艺及设备/赵晋荣主编. —北京：电子工业出版社，2023.2
（集成电路系列丛书. 集成电路产业专用装备）
ISBN 978-7-121-45018-1

Ⅰ. ①等… Ⅱ. ①赵… Ⅲ. ①等离子刻蚀-工艺学②等离子刻蚀-设备 Ⅳ. ①TN305.7

中国国家版本馆 CIP 数据核字(2023)第 018465 号

责任编辑：柴　燕
文字编辑：刘海艳
印　　刷：河北迅捷佳彩印刷有限公司
装　　订：河北迅捷佳彩印刷有限公司
出版发行：电子工业出版社
　　　　　北京市海淀区万寿路 173 信箱　邮编　100036
开　　本：720×1000　1/16　印张：11.25　字数：241 千字
版　　次：2023 年 2 月第 1 版
印　　次：2024 年 9 月第 5 次印刷
定　　价：98.00 元

"集成电路系列丛书·集成电路产业专用装备" 编委会

主　　编：叶甜春

副 主 编：尹志尧　　赵晋荣

责任编委：浦　远　　陈宝钦　　康　劲

编　　委：贺荣明　　王　晖　　程建瑞　　王志越　　张国铭

　　　　　陈福平　　杨　峰　　王　帆　　李超波　　丁培军

　　　　　吕光泉　　王　坚　　张　丛

"集成电路系列丛书"主编序言

培根之土 润苗之泉 启智之钥 强国之基

　　王国维在其《蝶恋花》一词中写道："最是人间留不住，朱颜辞镜花辞树"，这似乎是自然界无法改变的客观规律。然而，人们还是通过各种手段，借助于各种媒介，留住了人们对时光的记忆，表达了人们对未来的希冀。

　　图书，尤其是纸版图书，是数量最多、使用最悠久的记录思想和知识的载体。品《诗经》，我们体验了青春萌动；阅《史记》，我们听到了战马嘶鸣；读《论语》，我们学习了哲理思辨；赏《唐诗》，我们领悟了人文风情。

　　尽管人们现在可以把律动的声像寄驻在胶片、磁带和芯片之中，为人们的感官带来海量信息，但是图书中的文字和图像依然以它特有的魅力，擘画着发展的总纲，记录着胜负的苍黄，展现着感性的豪放，挥洒着理性的张扬，凝聚着色彩的神韵，回荡着音符的铿锵，驰骋着心灵的激越，闪烁着智慧的光芒。

　　《辞海》中把书籍、期刊、画册、图片等出版物的总称定义为"图书"。通过林林总总的"图书"，我们知晓了电子管、晶体管、集成电路的发明，了解了集成电路科学技术、市场、应用的成长历程和发展规律。以这些知识为基础，自20世纪50年代起，我国集成电路技术和产业的开拓者踏上了筚路蓝缕的征途。进入21世纪以来，我国的集成电路产业进入了快速发展的轨道，在基础研究、设计、制造、封装、设备、材料等各个领域均有所建树，部分成果也在世界舞台上拥有一席之地。

为总结昨日经验，描绘今日景象，展望明日梦想，编撰"集成电路系列丛书"（以下简称"丛书"）的构想成为我国广大集成电路科学技术和产业工作者共同的夙愿。

2016 年，"丛书"编委会成立，开始组织全国近 500 名作者为"丛书"的第一部著作《集成电路产业全书》（以下简称《全书》）撰稿。2018 年 9 月 12 日，《全书》首发式在北京人民大会堂举行，《全书》正式进入读者的视野，受到教育界、科研界和产业界的热烈欢迎和一致好评。其后，《全书》英文版 *Handbook of Integrated Circuit Industry* 的编译工作启动，并决定由电子工业出版社和全球最大的科技图书出版机构之一——施普林格（Springer）合作出版发行。

受体量所限，《全书》对于集成电路的产品、生产、经济、市场等，采用了千余字"词条"描述方式，其优点是简洁易懂，便于查询和参考；其不足是因篇幅紧凑，不能对一个专业领域进行全方位和详尽的阐述。而"丛书"中的每一部专著则因不受体量影响，可针对某个专业领域进行深度与广度兼容的、图文并茂的论述。"丛书"与《全书》在满足不同读者需求方面，互补互通，相得益彰。

为更好地组织"丛书"的编撰工作，"丛书"编委会下设了 14 个分卷编委会，分别负责以下分卷：

☆ 集成电路系列丛书・集成电路发展史话

☆ 集成电路系列丛书・集成电路产业经济学

☆ 集成电路系列丛书・集成电路产业管理

☆ 集成电路系列丛书・集成电路产业、教育和人才

☆ 集成电路系列丛书・集成电路发展前沿与基础研究

☆ 集成电路系列丛书・集成电路产品与市场

☆ 集成电路系列丛书・集成电路设计

☆ 集成电路系列丛书・集成电路制造

☆ 集成电路系列丛书·集成电路封装测试

☆ 集成电路系列丛书·集成电路产业专用装备

☆ 集成电路系列丛书·集成电路产业专用材料

☆ 集成电路系列丛书·化合物半导体的研究与应用

☆ 集成电路系列丛书·集成微纳系统

☆ 集成电路系列丛书·电子设计自动化

2021年，在业界同仁的共同努力下，约有10部"丛书"专著陆续出版发行，献给中国共产党百年华诞。以此为开端，2021年以后，每年都会有纳入"丛书"的专著面世，不断为建设我国集成电路产业的大厦添砖加瓦。到2035年，我们的愿景是，这些新版或再版的专著数量能够达到近百部，成为百花齐放、姹紫嫣红的"丛书"。

在集成电路正在改变人类生产方式和生活方式的今天，集成电路已成为世界大国竞争的重要筹码，在中华民族实现复兴伟业的征途上，集成电路正在肩负着新的、艰巨的历史使命。我们相信，无论是作为"集成电路科学与工程"一级学科的教材，还是作为科研和产业一线工作者的参考书，"丛书"都将成为满足培养人才急需和加速产业建设的"及时雨"和"雪中炭"。

科学技术与产业的发展永无止境。当2049年中国实现第二个百年奋斗目标时，后来人可能在21世纪20年代书写的"丛书"中发现这样或那样的不足，但是，仍会在"丛书"著作的严谨字句中，看到一群为中华民族自立自强做出奉献的前辈们的清晰足迹，感触到他们在质朴立言里涌动的满腔热血，聆听到他们的圆梦之心始终跳动不息的声音。

书籍是学习知识的良师，是传播思想的工具，是积淀文化的载体，是人类进步和文明的重要标志。愿"丛书"永远成为培育我国集成电路科学技术生根的沃土，成为润泽我国集成电路产业发展的甘泉，成为启迪我国集成电路人才智慧的金钥，成为实现我国集成电路产业强国之梦的基因。

编撰"丛书"是浩繁卷帙的工程，观古书中成为典籍者，成书时间跨度逾十年者有之，涉猎门类逾百种者亦不乏其例：

《史记》，西汉司马迁著，130 卷，526500 余字，历经 14 年告成；

《资治通鉴》，北宋司马光著，294 卷，历时 19 年竣稿；

《四库全书》，36300 册，约 8 亿字，清 360 位学者共同编纂，3826 人抄写，耗时 13 年编就；

《梦溪笔谈》，北宋沈括著，30 卷，17 目，凡 609 条，涉及天文、数学、物理、化学、生物等各个门类学科，被评价为"中国科学史上的里程碑"；

《天工开物》，明宋应星著，世界上第一部关于农业和手工业生产的综合性著作，3 卷 18 篇，123 幅插图，被誉为"中国 17 世纪的工艺百科全书"。

这些典籍中无不蕴含着"学贵心悟"的学术精神和"人贵执着"的治学态度。这正是我们这一代人在编撰"丛书"过程中应当永续继承和发扬光大的优秀传统。希望"丛书"全体编委以前人著书之风范为准绳，持之以恒地把"丛书"的编撰工作做到尽善尽美，为丰富我国集成电路的知识宝库不断奉献自己的力量；让学习、求真、探索、创新的"丛书"之风一代一代地传承下去。

王阳元

2021 年 7 月 1 日于北京燕园

前　　言

科技创新是综合国力提升的关键，是人类进步的基石。以蒸汽机的广泛使用为代表的第一次工业革命，将人类从农业时代带进了工业时代，开创了以机器代替手工劳动的时代。以电力能源代替或补充蒸汽机动力为代表的第二次工业革命，将人类带进了电气时代，科技和生产力得到了空前发展。以电子信息技术为代表的第三次工业革命，将人类带进了全新的科技世界。英国引领并主导了第一次工业革命，使其迅速成长为"日不落帝国"。欧洲国家和美国、日本同时经历了第二次工业革命，综合国力得到了大大的提升。美国引领并主导了第三次工业革命，确定了在全球的统治地位。

我国自改革开放以来，赶上并抓住了第三次工业革命，综合国力得到了很大提升。当今，世界正处于百年未有之大变局，以"智能制造"为主的第四次工业革命已经到来。智能工厂、智能生产、智能汽车、智能家居、智能物流等产业即将爆发。

集成电路被称为智能产品的"大脑"，重要程度可见一斑。先进集成电路制造极为复杂，需要全球多个产业分工协作才可完成。对于 28nm 以下的技术节点，刻蚀的加工精度可达到头发丝直径的几千分之一甚至上万分之一，其中涉及大量的材料、射频、机械、电气、软件等专业知识。等离子体刻蚀机作为集成电路制造的重要设备之一，其重要程度仅次于光刻机。尤其是近年来，随着集成电路特征尺寸的缩小，特别是对于 14nm 以下节点，等离子体刻蚀机的重要程度尤为突出。传统的深紫外光光刻机的光刻尺寸极限为 76nm，必须使用多重图形化技术才能进一步缩小尺寸，如使用自对准双重图形（SADP）和自对准四重图形（SAQP）技术可以成倍缩小图形尺寸，可提高集成电路的集成度。多重图形化进一步增加了等离子体刻蚀工艺的步骤，加大了等离子体刻蚀机的使用比重。所以，等离子体刻蚀机的品质或能力直接关系到晶圆制造的水平。当下，随着集成电路需求的提升、集成电路制造产线的扩充，等离子体刻蚀机的需求旺盛，相关专业人才严重紧缺。

本书系统地介绍了等离子体刻蚀原理以及工艺工程问题和解决方案，希望可提升从业者的专业技术水平，为行业的进步尽绵薄之力。

由北方华创刻蚀团队研发的等离子体刻蚀机具有良好的工艺性能，广泛应用于微电子产品制造领域，凭借在等离子体控制技术、腔室设计技术、刻蚀工艺技术、软件技术等方面的积累与创新，实现了对硅、介质、金属等材料的良好刻蚀。

本书基于已公开发表的文献以及北方华创刻蚀团队近 20 年来对等离子体刻蚀研究的经验和结论，内容包括集成电路简介、等离子体基本原理、集成电路制造中的等离子体刻蚀工艺、集成电路封装中的等离子体刻蚀工艺、等离子体刻蚀机、等离子体测试和表征、等离子体仿真、颗粒控制和量产。

本书主编为赵晋荣，副主编为孙岩、李东三、黄亚辉、纪安宽，编委成员还有蒋中伟、林源为、韦刚、李兴存、唐希文、董子晗、连庆庆。另外，特别感谢王海莉、杨京、王建龙、苏恒毅、简师节、杨光、朱海云、郝亮等。

由于编者水平有限，加之时间仓促，书中不当之处在所难免，敬请各位专家、学者以及工程技术人员批评指正。

赵晋荣

2022 年 8 月于北京北方华创

···················· ☆ ☆ ☆ 作 者 简 介 ☆ ☆ ☆ ····················

赵晋荣，北京北方华创微电子装备有限公司董事长，教授级高工，北京学者。

赵晋荣同志从事集成电路装备行业 37 年，主导实施了多项国家科技攻关项目，项目成果填补多项国内空白。曾获得国家科技进步二等奖、国家科技重大专项"突出贡献奖"、"北京市劳动模范"等多项荣誉，入选国家百千万人才工程、科技北京百名领军人才等多项人才计划。

目　　录

第1章

集成电路简介

1.1 集成电路简史

1.1.1 什么是集成电路

集成电路（Integrated Circuit，IC）是一种微型电子器件或部件，它是将电路所需的晶体管、电容、电阻和电感等元器件及这些元器件之间的连线，通过半导体工艺的方式集成在一起，并具备特定功能的微型结构。通过这样的集成方式，电路体积大大缩小，引出线和焊点的数量也大为减少，从而使电子元器件的体积更加微小、功耗降低、可靠性提高、成本降低，便于大规模生产，为电子信息、通信、消费电子等行业的快速发展奠定了基础。基于硅材料的集成电路技术是当今半导体工业的主流技术。

集成电路是信息产业的基础，一直以来占据全球半导体产品超过 80%的销售额，被誉为"工业粮食"，涉及电子计算机、家用电器、数码产品、自动化控制、电气、通信、交通、医疗、航空航天等众多领域，在几乎所有的电子设备中都被使用。对于未来社会的发展方向，包括 5G、人工智能、物联网、自动驾驶等技术，集成电路更是必不可少的基础。只有在集成电路的支持下，这些应用才可能得以实现[1]。所以，集成电路产业是国民经济中基础性、关键性和战略性的产业，集成电路产业的强弱是国家综合实力强大与否的重要标志[2]。

1.1.2 集成电路发展简史

在晶体管出现之前，要实现电流放大功能只能依靠体积大、耗电量大、结构脆弱的电子管。1946 年在美国诞生的世界上第一台电子计算机 ENIAC，就是基于电子管构建的。如图 1.1 所示，ENIAC 是一个占地面积 170m^2、重达 30t 的庞然大物。这台计算机里面的电路使用了 18000 个真空电子管，这些电子管非常不稳定，平均每隔 15min 就会烧坏 1 个。即便如此，其 5000 次/秒的计算能力，也是当年最快的运算速度。但是它的问题和缺点也是非常明显的，就是占地面积过大且无法移动。

图 1.1   世界上第一台电子计算机 ENIAC

图 1.2   世界上第一个晶体管

基于以上背景，美国贝尔实验室的物理学家威廉·肖克利（William Shockley）、约翰·巴丁（John Bardeen）和沃尔特·布拉顿（Walter Brattain）开始探索可取代电子管的全固态电子器件。1947 年 12 月，他们成功演示了第一个基于锗半导体的具备放大功能的点接触式晶体管。采用一个塑料楔块将两个距离很近的金接触点固定到了小块高纯锗表面上，一个接触点的电压调制了电流流向另一个点，从而使得输入信号放大至 100 倍。半导体晶体管历史博物馆陈列了世界上第一个晶体管，如图 1.2 所示。相比于电子管，晶体管在寿命、性价比、体积等方面的优势非常明显。晶体管的发明标志着现代半导体产业的诞生和信息时代的开启。

在晶体管发明后，很快就出现了基于半导体的集成电路的构想：如果能想办法把这些电子元器件和连线集成在一小块载体上，这样体积不就会大大缩小了吗？在那个时代，有很多科学家和技术人员都思考过这个问题，也提出过各种各样的想法。典型的如英国雷达研究所的科学家达默，他在 1952 年的一次会议上提出：可以把电子线路中的分立元器件集中制作在一块半导体晶片上，一小块晶片就是一个完整电路，这样一来，电子线路的体积就可大大缩小，可靠性大幅提高。这就是初期集成电路的构想，晶体管的发明使这种想法得以实现。

杰克·基尔比（Jack Kilby）和罗伯特·诺伊斯（Robert Noyce）在 1958 年和 1959 年分别发明了锗集成电路和硅集成电路。1958 年 12 月，德州仪器的杰克·基尔比先在锗晶片上制造出三极管，然后在纯锗晶体中少量掺杂做成电阻，最后用反向二极管做出电容，再用细的金线将它们连成一个振荡器件，制成了世界上第一块锗集成电路（见图 1.3）。一周之后，他又用同样的方法制作了一个放大器。然而，"细的金连线"并非是一个实用的生产方法，不容易进行大规模量产，被后来罗伯特·诺伊斯所发明的"金属蒸镀连线"方法所取代。

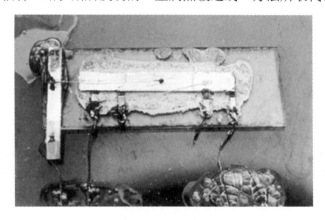

图 1.3 杰克·基尔比发明的世界上第一块锗集成电路

在 1959 年，飞兆半导体的物理学家吉恩·霍尔尼（Jean Hoerni）为了解决台面晶体管的可靠性问题而发明了平面工艺。这个工艺的关键是用氧化层去保护 pn 结的表面而不受污染。这一发明使半导体发生了革命性的变化。平面工艺制造的器件不仅电性能更佳，使用氧化层使漏电流显著降低，这对于计算机的逻辑设计极为关键，还使得能够只从晶片的一面来制造一块集成电路的所有组成。

1965 年，时任仙童半导体公司研究开发实验室主任的戈登·摩尔应邀为《电子学》杂志 35 周年专刊写了一篇关于计算机存储器发展趋势的观察评论报告。他整理了一份观察资料，在他开始绘制数据时，发现了一个惊人的趋势：每个新的芯片大体上包含其前一代产品两倍的容量，每个芯片产生的时间都是在前一个芯片产生后的 12 个月内，如果这个趋势继续，计算能力相对于时间周期将呈指数式上升[3]。摩尔的评论报告，就是现在所谓的摩尔定律的最初原型。摩尔定律如图 1.4 所示。1975 年，在国际电信联盟 IEEE 的年会上，摩尔将上述的 12 个月改为 18 个月，这一趋势一直延续至今。

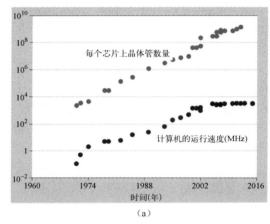
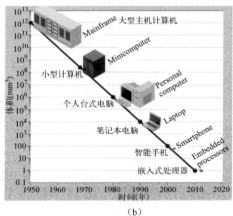

（a）　　　　　　　　　　　　　　（b）

图 1.4　摩尔定律[3]

人们还发现摩尔定律不仅适用于对存储器芯片的描述，也精确地说明了处理能力和磁盘驱动器存储容量的发展。摩尔定律已成为许多工业对于性能预测的基础[4]。

现今，一个 Intel Skylake 处理器上约有 17.5 亿个晶体管，大小大概只有 Intel 4004 芯片的 50 万分之一。这 17.5 亿个晶体管全部运作起来，Skylake 处理器的计算速度是 4004 芯片的 40 万倍。这样的指数增长速度是非常惊人的。如果从 1971 年开始，汽车和摩天大楼也以此速度发展，如今最高的车速将会是光速的十分之一；最高大楼的高度将达到地球距月球距离的一半。摩尔定律深刻影响了我们每个人的生活，如今全球有 30 亿人随身携带着智能手机，而每个手机的处理能力都比 20 世纪 80 年代房屋大小的超级计算机强大许多。无数的行业已经被数字化颠覆了，摩尔定律已经成为一种奋斗目标：研究人员全都希望科技每年都能更进一步。

"摩尔定律"不仅归纳了信息技术进步的速度，也对半导体技术的发展起了推动作用，让整个半导体工业体系，从芯片设计、芯片制造工艺和生产设备协调地向前推进。"摩尔定律"对整个世界意义深远，在摩尔定律应用的 60 年里，计算机从神秘不可近的庞然大物变成多数人不可或缺的工具，信息技术由实验室进入无数个普通家庭，因特网将全世界联系起来，多媒体视听设备丰富着每个人的生活。在回顾半导体芯片业的进展并展望其未来时，信息技术专家们认为，在近十几年"摩尔定律"可能还会适用。但随着晶体管电路逐渐接近性能极限，这一定律终将走到尽头[5]。半导体芯片的集成化趋势，推动了整个信息技术产业的发展，进而给千家万户的生活带来了变化。

1.1.3　集成电路产业的分工和发展

集成电路作为信息产业的基础和核心，是关系国民经济和社会发展全局的基础性、先导性和战略性产业。随着技术水平的迅速提升，集成电路产业因生产技术工序多，所以产业链里的每个环节分工明确，产业分工不断细化。集成电路产业链通常由芯片设计、晶圆生产制造、芯片封装和芯片测试等环节组成。

1．芯片设计

芯片设计是芯片的研发过程，具体来说，是通过系统设计和电路设计，将设定的芯片规格形成设计版图的过程。设计版图是一款芯片产品的最初形态，决定了芯片的性能、功能和成本，因此在芯片的生产过程中处于至关重要的地位，是集成电路设计企业技术水平的体现。设计版图完成后进行掩模制作，形成掩模版，掩模成功则表明芯片设计成功，可以进入晶圆生产制造环节。

2．晶圆生产制造

晶圆生产制造是利用晶圆裸片，将掩模上的电路图形信息大批量复制到晶圆裸片上，在晶圆裸片上形成电路。晶圆生产制造的主要工艺流程包括光刻、刻蚀、薄膜沉积、离子注入、氧化扩散、清洗与抛光、金属化等。晶圆生产制造后通常要进行晶圆测试，检测晶圆的电路功能和性能，将不合格的晶粒标识出来。

3．芯片封装

芯片封装是集成电路产业链必不可少的环节，位于整个产业链的下游。芯片封装是将生产出来的合格晶圆进行切割、线焊、塑封，使芯片电路与外部器件实现电气连接，并为芯片提供机械物理保护的工艺过程。封装就是给芯片穿上"衣服"，保护芯片免受物理、化学等环境因素造成的损伤，增强芯片的散热性能。衡量芯片封装技术先进与否的重要指标是芯片面积与封装面积之比，越接近 1 越好。

4．芯片测试

芯片测试是指利用芯片设计企业提供的测试工具，对封装完毕的芯片进行功能和性能测试。测试合格后，即形成可供整机产品使用的芯片产品。

上述过程是芯片生产的一般流程，不同的集成电路设计企业，或者针对不同的芯片产品，在生产流程上可能存在一定差异。例如，在晶圆生产的良率有充分保障的情况下，集成电路设计企业出于成本的考虑，可以选择在晶圆生产环节后不进行晶圆测试；有的芯片需要在封装后写入软件程序，因此在程序烧录后再对整颗芯片进行测试。

1.1.4 集成电路产业垂直分工历程

在整个集成电路的发展过程中，产业分工历经了三次的变革，在此过程中，行业内公司的经营模式变得多样化，新的厂商的进入也导致整个行业发生结构性变化。

第一次变革——系统厂商和专业集成电路制造公司的分化。1960—1970年，系统厂商包办了所有的设计和制造。随着计算机的功能要求越来越多，整个设计过程耗时较长，使得部分系统厂商产品推出时便已落伍，因此，有许多厂商开始将使用的硬件标准化。1970年左右，微处理器、存储器和其他小型 IC 逐渐标准化。计算机配件的标准化设计导致开始区分系统公司与专业集成电路制造公司。

第二次变革——专业晶圆代工厂的出现。虽然有部分集成电路标准化，但在整个计算机系统中仍有不少独立 IC，过多的 IC 使得运行效率不如预期，专用集成电路（Application Specific Integrated Ciruit，ASIC）应运而生，同时系统工程师可以直接利用逻辑门器件资料库设计 IC，不必了解晶体管线路设计的细节部分。设计观念上的改变使得专职设计的无晶圆厂（Fabless）公司出现。专业晶圆代工厂（Foundry）的出现填补了 Fabless 公司需要的产能。

第三次变革——集成电路设计知识产权模块的兴起。由于半导体工艺的持续收缩，使得单一晶圆上的集成度提高，如此一来，只是用 ASIC 技术，很难适时推出产品，此时集成电路设计知识产权模块（IP）概念兴起。IP 就是将具有某种特定功能的电路固定化，当 IC 设计需要用到这项功能时，可以直接使用这部分电路，随之而来的是专业的 IP 与设计服务公司的出现。

1.2 集成电路分类

集成电路产品根据其设计、应用和功能，主要可分为存储器 IC、微元件 IC、逻辑 IC、模拟 IC，各个领域可再进行细分，如图 1.5 所示。

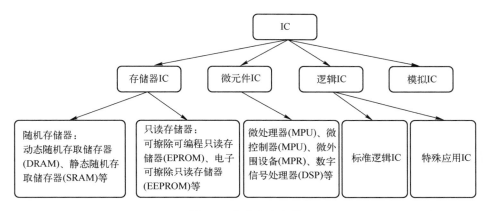

图 1.5 集成电路分类

按 2020 年全球集成电路行业市场分析，存储器 IC 占比 26%，微元件 IC 占比 23%，逻辑 IC 占比 34%，模拟 IC 占比 17%，如图 1.6 所示。

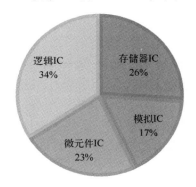

图 1.6 集成电路市场份额分类

1.2.1 存储器 IC

存储器是指利用电能方式存储信息的半导体介质设备，其存储与读取过程体现为电子的存储或释放，广泛应用于内存、U 盘、消费电子、智能终端、固态存储硬盘等领域。存储器分类如图 1.7 所示。存储器根据断电后所存储的数据是否会丢失，可以分为易失性存储器（Volatile Memory）和非易失性存储器（Non-Volatile Memory），其中动态随机访问存储器（DRAM）和与非型闪存（NAND Flash）分别为这两类存储器的代表。尽管存储器 IC 种类众多，但从产值构成来看，DRAM 与 NAND Flash 是存储器 IC 产业的主要构成部分。

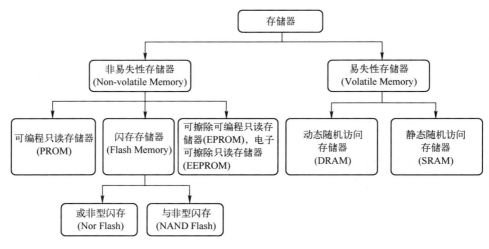

图 1.7　存储器分类

1.2.2　微元件 IC

微元件 IC 包括微处理器（MPU）、微控制器（MCU）、数字信号处理器（DSP）及微外围设备（MPR）。

MCU 又称为单片微型计算机或者单片机，是微元件 IC 中的最重要的产品，主要用于个人计算机、工作站和服务器。中央处理器（CPU）也是一种 MCU。诸如手机、PC 外围、遥控器，至汽车电子、工业上的步进电机、机器手臂的控制等中，都可见到 MCU 的身影。

数字信号处理器（DSP）芯片即指能够实现数字信号处理技术的芯片，近年来，DSP 芯片已经广泛用于自动控制、图像处理、通信技术、网络设备、仪器仪表和家电等领域；DSP 为数字信号处理提供了高效而可靠的硬件基础。

微外围设备（MPR）则是支持 MPU 及 MCU 的外围逻辑电路元件。

1.2.3　模拟 IC

模拟 IC 用于处理连续性的光、声音、速度、温度等自然模拟信号。按技术类型分类，模拟 IC 可分为只处理模拟信号的线性 IC 和同时处理模拟与数字信号的混合 IC。模拟 IC 按照应用来分可分为标准型模拟 IC 和特殊应用型模拟 IC。标准型模拟 IC 包括放大器、信号接口、数据转换、比较器等产品。特殊应用型模拟 IC 主要应用在通信、汽车、计算机外围设备和消费类电子等领域。

1.2.4 逻辑 IC

逻辑 IC 是一种以规则排列的逻辑门阵列为主体，可由用户根据应用需求重新配置其功能的专用集成电路。逻辑 IC 也称"可编程逻辑器件"（Programmable Logic Device，PLD）。PLD 芯片属于数字类型的电路芯片，而非模拟或混合信号（同时具有数字电路与模拟电路）芯片。

PLD 与一般数字芯片不同：PLD 内部的数字电路可以在出厂后再进行规划决定，有些类型的 PLD 也允许在规划决定后再次进行变更、改变，而一般数字芯片在出厂前就已经决定其内部电路，无法在出厂后再次改变。

1.3 集成电路未来的挑战

任何新技术都会经历诞生、发展到成熟的过程。集成电路目前还在高速发展中。摩尔定律能否一直适用？特征尺寸是否会有极限？随着特征尺寸进入纳米范围，进一步缩小特征尺寸会遇到更大的困难和挑战，这些困难和挑战主要来自三个方面[5]。

第一方面是物理极限的挑战。数据需要由某种工艺制造的基本器件来存储和处理。这些器件局域一定的物理尺寸，进行操作需要一定的时间和能量。数据处理的这种物理性质就提出来一些基本的物理限制。例如，量子隧穿效应限制了最小绝缘层厚度和耗尽层宽度；统计物理学和热力学也对最小器件尺寸提出来限制。不过随着对理论问题的深入研究和工艺的不断完善，人们正在突破一个个所谓的"极限"。在 20 世纪 70 年代有人提出 1μm 是极限，80 年代又认为 0.1μm 是尺寸缩小的极限，90 年代认为 0.05μm 是最终的极限，21 世纪初期认为 10nm 是最终的极限，不过这些极限却被人们一一突破了。

第二方面是工艺技术面临的挑战。摩尔定律能持续多久在很大程度上取决于工艺技术上能把特征尺寸缩小到什么程度，这对光刻技术和其他微电子加工技术提出了挑战。要实现 10nm 以下的特征尺寸必须发展新的光刻技术，极紫外光刻（Extreme Ultra-Violet，EUV）技术已经在 5nm 工艺节点开始采用。为了使纵向尺寸等比例缩小，必须发展新的超浅结工艺，实现原子层控制的精度。晶体管由平面场效应晶体管（Planar FET）向鳍式场效应晶体管（FinFET）发展，再到最新的以堆叠纳米片场效应晶体管（Nanosheet FET）和纳米线（Nanowire）为代表的全环绕栅极（Gate All Around，GAA）的新一代晶体管结构，这些都将给工艺技术、加工方式和生产设备带来了新的变化[6]。

第三方面是经济因素的制约。尽管缩小尺寸、提高集成度可以使单位功能电路的成本下降，微电子产品按照单位功能电路成本逐年降低 25%的规律发展；但是研发成本大约每代产品提高为 1.5 倍，增加工艺步骤使每代产品成本提高为 1.3 倍，设备更新费用大概以每年 10%～15%的速度增长。这些费用的增长使建设集成电路生产线的投资越来越高[7]。

尽管摩尔定律不可能长久奏效，但是通过人们的努力，可以使摩尔定律持续的时间尽可能延长。经过一段时间的发展，微电子（集成电路）工业逐步进入成熟期，增长的速度会有所放缓。但在未来一二十年，微电子工业仍将保持稳定的增长率。毋庸置疑，以集成电路为代表的微电子技术将继续发展，用创新的解决方案迎接各种挑战[8]。

参 考 文 献

[1] 王永刚. 集成电路的发展趋势和关键技术[J]. 电子元器件应用，2009，11(01):70-72.

[2] 吴菲菲，韩朝曦，黄鲁成. 集成电路产业研发合作网络特征分析：基于产业链视角[J]. 科技进步与对策，2020，37(08):77-85.

[3] 逄健，刘佳. 摩尔定律发展述评[J]. 科技管理研究，2015，35(15):46-50.

[4] 周苏，王硕苹. 大数据时代管理信息系统[M]. 北京：中国铁道出版社，2017:120.

[5] 杨晖. 后摩尔时代 Chiplet 技术的演进与挑战[J]. 集成电路应用，2020，37 (05):58-60.

[6] 李佳伟，韩可，龙尚林. 硅基环栅晶体管和隧穿晶体管研究进展综述[J]. 中国集成电路，2020，29 (12): 31-33.

[7] 宋继强. 智能时代的芯片技术演进[J]. 科技导报，2019，37(3):66-68.

[8] 明天. 摩尔定律体现的创新精神永存：纪念摩尔定律发表 40 周年[J]. 半导体技术，2005，30(06):5-7.

第2章

等离子体基本原理

2.1 等离子体的基本概念

2.1.1 等离子体的定义

等离子体是由大量带电及中性粒子集合组成的宏观体系[1]。它有两个显著特点：宏观上呈现准中性，正负离子的数量大致相等；集体运动效应。

等离子体由正离子、负离子、电子和不带电的中性粒子组成，不同带电及中性粒子之间是相互独立的。等离子体各带电粒子之间通过电磁力相互作用，这种作用力能使远距离的带电粒子产生耦合。这些粒子之间存在的多体自洽的结果使得粒子的运动表现为集体的运动，存在集体运动是等离子体的重要特征之一[2-3]。

等离子体态常被称为"物质的第四态"，与固态、液态、气态一样，是物质的一种聚集状态。物质的四种状态如图 2.1 所示。等离子体态形成的原因是中性气体中发生了一定程度的电离反应，产生了一定数量的带电粒子。当气体温度升高时，粒子之间的热运动动能将逐步达到气体的电离能，此时电离的过程可以通过粒子之间的碰撞发生[1]。

（a）固态　　　　　（b）液态　　　　　（c）气态　　　　　（d）等离子体态

图 2.1　物质的四种状态

通过加热的方式，物质四种状态之间可以产生转变，称为相变。我们不妨以水为例来进行说明。在 1atm 下，体系温度低至 0℃以下时，水的微观基本组元（分子）的热运动动能小于分子之间的相互作用势能，因此相互束缚，在空间的相对位置固定，水凝结成冰，这就是固体状态。当体系的温度升高至 0℃以上时，冰融化成水，分子间的热运动动能与分子之间的相互作用势能相当，分子可以在体系内部自由地移动，但在边界面上，由于表面束缚能的存在，大多数分子无法克服这种表面束缚，会存在一个明显的表面，这就是液体状态。当体系的温度高至 100℃以上，水气化为水蒸气，此时分子之间的热运动动能可以克服分子之间的相互作用势垒以及表面束缚能，因此分子变成彼此自由的个体，这就是气体状态。当体系温度继续升高时，分子间的热运动动能足以克服分子键能的时候，即分解成原子，体系的基本微观组元由分子变成原子，但物态并没有发生本质的变化，仍是气体状态。然而，当温度进一步增高，使得原子（分子）间的热运动动能与电离能基本相当时，就会发生电离过程，从而变成了含有电子、正离子、负离子和中性粒子的电离气体。这时长程的电磁力会起作用，使体系出现全新的运动特征，这就是等离子体态[2]。

等离子体并不都是完全电离的气体，但只有达到一定电离度的电离气体才具有等离子体的特性。简单地说，当某一体系中"电性"比"中性"更重要时，便可称为等离子体。由于热平衡麦克斯韦（Maxwell）分布的高能尾部粒子的贡献，处于热力学平衡态的气体总会产生一定程度的电离，其电离度由沙哈（Saha）方程给出[4]。

$$\frac{n_i}{n_0} \approx 3 \times 10^{15} \times \frac{T^{3/2}}{n_i} \exp(-E_i / T) \tag{2-1}$$

式中，n_i 为离子密度；n_0 为原子密度；T 为温度；E_i 为电离能。除非特别说明，一律采用国际单位制，但温度与能量一样，以电子伏特（eV）作单位。电子伏特与开尔文（K）的换算关系为[4]

$$1eV = 11600K \tag{2-2}$$

2.1.2　等离子体的参数空间

宇宙中绝大多数物质处于等离子体态。地球上天然的等离子体，如闪电、极光等，存在于远离人群的地方。从地球表面向外，大气外侧的电离层、日地空间的太阳风、太阳日冕、太阳内部、星际空间、星云及星团，毫无例外都是等离子体[5]。

此外，人造的等离子体也越来越多地出现在我们生活中，如日光灯中用于发光的电离气体。等离子体刻蚀、镀膜、表面改性、喷涂、烧结、冶炼、加热、有害物处理是等离子体几种典型的工业应用[4]。

与另外三种物态相比，等离子体的参数空间非常宽广。以描述物态的两个基本热力学参数密度和温度而言，等离子体的密度为 $10^3 \sim 10^{33} m^{-3}$，跨越了 30 个量级，温度为 $10^2 \sim 10^9 K$，跨越了 7 个量级，如图 2.2 所示。

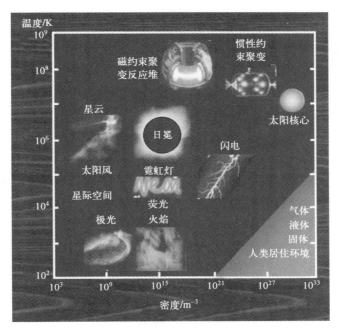

图 2.2　等离子体的参数空间

2.1.3　等离子体的描述方法

尽管等离子体的参数范围十分巨大，但其描述的方法却基本上是一致的。多数情况下，等离子体是一个经典的、非相对论的体系。其绝大多数行为效应可以用经典的电动力学理论来描述和解释。量子效应只有在粒子之间间距与粒子德布罗意波长相当时才显示出来，这对应着温度极低（$10^{-2} eV$）、密度达到固体密度（$10^{27} m^{-3}$）的情况。只有在相对论粒子的等离子体（如大功率微波器件或自由电子激光中的相对论电子束）中，才需要考虑相对论效应[6]。

等离子体的描述可以分为电磁场和粒子体系两个部分。一般来说，用麦克斯韦方程组来描述电磁场的行为，而用统计力学和流体力学来描述粒子体系的行为。

在统计力学的框架下，等离子体的行为可由粒子速度概率分布函数描述，如玻尔兹曼（Boltzmann）方程[7]。在该体系下，对等离子体的描述依赖于统计物理，并利用守恒定律确定粒子分布函数的演化行为。对统计描述的方法做相应近似，通过速度分布函数对速度积分，就可以得到粒子速度、密度等宏观参数，即流体力学描述，此时等离子体被视为一种电磁相互作用起主导的流体。等离子体作为流体的动力学变量有密度、温度（能量）和速度，可用动量守恒方程、连续性方程和能量守恒方程耦合电磁场求解。

2.1.4 等离子体的关键特征和参量

1. 德拜屏蔽和等离子体的空间尺度

等离子体由"自由"的带电粒子组成，与金属对静电场的屏蔽类似，任何试图在等离子体中建立电场的行为，都会受到等离子体的阻止，这就是等离子体的德拜（Debye）屏蔽效应。相应的屏蔽层称为等离子体鞘层[8]。

假设在等离子体中插入一电极，这一行为将试图在等离子体中建立电场。在这样的电场作用下，等离子体中的电子将向电极处移动，而离子则被排斥。这导致由电极所引入的电场仅局限在较小尺度的鞘层中，如图 2.3 所示。

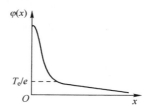

图 2.3　等离子体鞘层电势分布（T_e 为电子温度，e 为电子电荷量，

x 为粒子空间位置，φ 为鞘层内电势分布）

若等离子体的温度为 0K，则大量的电子可以接近于电极（设电极表面敷以介质，表面不收集电流，也不产生复合），屏蔽层的厚度将趋于零，电场则完全被屏蔽。若等离子体的温度不为 0K，则屏蔽后的电势满足 $e\varphi/T_e \approx 1$ 时，电子可以挣脱此势阱并逃逸出，因此电势没有完全被屏蔽掉，有 T_e/e 量级的电势将延伸进入等离子体中，屏蔽层的厚度也有限。可以简单分析这种静态的德拜屏蔽过程。静电势 φ 满足泊松（Poisson）方程[5]：

$$\nabla^2 \varphi = -\frac{e}{\varepsilon_0}(n_i - n_e) \tag{2-3}$$

式中，ε_0 为真空介电常数；n_i 为离子密度；n_e 为电子密度。因此，在热平衡状态下，它们满足玻尔兹曼分布：

$$n_i = n_0 \exp(-e\varphi / T_i), n_e = n_0 \exp(e\varphi / T_e) \tag{2-4}$$

式中，T_i 为离子温度；T_e 为电子温度；n_0 为远离扰动电场处（电势为零）的等离子体密度（电子密度与离子密度相等）。将式（2-4）代入泊松方程，即电势方程，该方程为典型的非线性方程，无解析解。由式（2-4）可以看出，当 $\frac{|e\varphi|}{T_e} \ll 1$ 时，$n_e \gg n_0$，电子被捕获并大量积累，离子则被排出，大部分的电势被这些电子产生的电场屏蔽。若不考虑接近电极处电势较大的区域，只看电势满足 $\frac{|e\varphi|}{T_e} \ll 1$ 的空间，则可以将玻尔兹曼分布作泰勒级数展开，并取线性项，则有[4]

$$\nabla^2 \varphi = \left(\frac{n_0 e^2}{\varepsilon_0 T_i} + \frac{n_0 e^2}{\varepsilon_0 T_e} \right) \varphi \qquad (2\text{-}5)$$

这里，定义电子、离子的德拜长度分别为 λ_{De}、λ_{Di}，等离子体的德拜长度为 λ_D。

$$\lambda_{De} = \left(\frac{\varepsilon_0 T_e}{n_0 e^2} \right)^{1/2}, \lambda_{Di} = \left(\frac{\varepsilon_0 T_i}{n_0 e^2} \right)^{1/2}, \lambda_D = \left(\lambda_{Di}^{-2} + \lambda_{De}^{-2} \right)^{-1/2} \qquad (2\text{-}6)$$

在一维情况下，式（2-5）的解为

$$\varphi(x) = \varphi_0 \exp(-|x|/\lambda_D) \qquad (2\text{-}7)$$

式中，φ_0 为 $x=0$ 处的空间电势；x 为一维空间中粒子的位置。

电势以指数衰减的形式渗透在等离子体中，德拜长度[4]定义为等离子体屏蔽外电场的空间尺度，即为式（2-6）。

静态等离子体的德拜长度取决于低温成分的德拜长度。在电子运动较快的过程中，离子无法响应电子的变化，在鞘层内不能随时达到热平衡的玻尔兹曼分布，只起到常数本底作用，此时等离子体的德拜长度只由电子成分决定[3]。

在等离子体中，每一个离子或电子都具有静电库仑势，会受到邻近其他离子与电子的屏蔽，则屏蔽后的库仑势为[4]

$$\varphi(r) = \frac{q}{4\pi\varepsilon_0} \cdot \frac{\exp(-r/\lambda_D)}{r} \qquad (2\text{-}8)$$

式中，q 为带电粒子的电量；r 为粒子的位置半径。

这种屏蔽的库仑势使带电粒子对周围其他粒子的影响是有限的，仅局限于以德拜长度为半径的德拜球内。等离子体系统的基本长度单位是德拜长度，可以认为，等离子体由许多德拜球组成。在德拜长度内，粒子可以清晰地感受到周围粒子的存在，存在着以库仑碰撞为特征的两体相互作用；在德拜长度外，由于其他带电粒子的干扰和屏蔽，直接的粒子两体之间相互作用消失，而是由大量粒子共同参与的集体相互作用。换句话说，在等离子体中，带电粒子之间的长程库仑相互作用可以分解成两个不同的部分，一部分是在德拜长度以内的以两体为主的相互作用，一部分是在德拜长度以外的以集体为主的相互作用。等离子体作为第四物态的最主要原因是其集体相互作用性质[2]。

2. 等离子体的特征响应时间

等离子体的时间响应尺度是等离子体的另一个重要特征参数。我们已经知道，等离子体可以将任何空间的（电）干扰局限在德拜长度量级的鞘层之中。但是，建立这种屏蔽需要一定的时间。若将电子以平均热速度跨越鞘层空间所需要的时间作为建立一个稳定鞘层的时间尺度，这就是等离子体对外加扰动的特征响应时间[9]：

$$\tau_{pe} = \left(\frac{\varepsilon_0 m_e}{n_0 e^2} \right)^{1/2} \tag{2-9}$$

式中，m_e 为电子质量；n_0 为电子密度。

用这种方法估算的等离子体响应时间与等离子体集体运动的特征频率相关。如图 2.4 所示，假设等离子体在某一处（$x = 0$），电子相对离子有一个整体的位移（$x > 0$），则在 $x = 0$ 处将形成电场，这使得电子受到指向 $x = 0$ 处的静电力，电子将向 $x = 0$ 运动。由于惯性作用，电子将冲至 $x < 0$ 处，如此电子将产生围绕平衡位置 $x = 0$ 处的振荡。电子运动方程为[5]

$$n_0 m_e \frac{\mathrm{d}^2 x}{\mathrm{d}t^2} = -e n_0 E_x = -\frac{n_0^2 e^2}{\varepsilon_0} x \tag{2-10}$$

式中，E_x 为 x 方向上的电场强度。式（2-10）的解为简谐振荡，称为朗谬尔（Langmuir）振荡或电子等离子体振荡，振荡频率为

$$\omega_{pe} = (n_0 e^2 / \varepsilon_0 m_e)^{1/2} \tag{2-11}$$

ω_{pe} 称为（电子）等离子体频率，显然其与等离子体响应时间互为倒数。

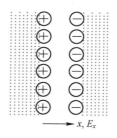

图 2.4　等离子体振荡示意图

2.1.5　等离子体判据

等离子体作为物质的一种聚集状态，必须要求其空间尺度远大于德拜长度，时间尺度远大于等离子体响应时间。在这种情况下，等离子体的集体相互作用起主要作用，在较大的尺度上正负电荷数量大致相当，所谓的准中性条件成立。

等离子体判定的标准曾为准中性条件，正负离子相等的带电粒子系统是中文"等离子体"的含义。但实际上，即使准中性条件不成立，只要系统满足上述的时空要求，同样可以出现以集体相互作用为主的等离子体特征[2]。

对于有些电离气体，体系中不仅包含带电粒子，还有中性粒子。当带电粒子与中性粒子之间的相互作用强度远小于带电粒子之间的相互作用时，中性粒子的存在基本不影响带电粒子的运动行为，同完全电离气体组成的等离子体相近，因此这种部分电离的气体也属于等离子体[2]。

近距离碰撞是带电粒子与中性粒子之间相互作用的唯一形式。相互作用的强弱程度可以用碰撞频率 v_{en} 来表示。带电粒子之间的相互作用可以分成两体的集体相互作用和库仑碰撞两部分，这两种作用的大小可以用库仑碰撞频率 v_{ee} 和等离子体频率 ω_p 来表征。因此，如果有

$$v_{en} \ll \max(v_{ee}, \omega_p) \tag{2-12}$$

在这种情况下，可以忽略中性粒子的作用，体系处于等离子体态。我们可以用库仑碰撞频率来估计，由于带电粒子之间的库仑碰撞截面很大，在常规情况下，当电离度为 0.1％时，便可以忽略中性粒子的作用。若电离度更小时，电离气体虽然具备一些等离子体的性质，但不能忽略中性粒子的影响。若中性粒子的碰撞频率远远大于库仑碰撞频率和等离子体频率时，等离子体特征消失，这种微弱电离的气体不能称为等离子体[2]。

德拜屏蔽是一个统计意义上的概念，暗示了在一个德拜球中应具有足够多的粒子。引入等离子体参数[3]：

$$\Lambda = 4\pi n_0 \lambda_D^3 \propto (T_e^3 / n_0)^{1/2} \tag{2-13}$$

式中，T_e 为电子温度；Λ 为以德拜长度为半径的德拜球体内的粒子数量，满足 $\Lambda \gg 1$。

等离子体参数也衡量了粒子平均动能与粒子间平均势能之比。通常情况下等离子体参数是一个大量，等离子体中粒子的直接相互作用可以忽略。在极稠密的或温度极低的等离子体中，等离子体参数可以小于、甚至远小于 1，这种等离子体称为强耦合等离子体，已经不是常规等离子体的范畴。稠密的强耦合等离子体的例子有惯性约束聚变的核心等离子体、白矮星天体等离子体、金属固体等离子

体等。温度低的强耦合等离子体的典型例子是极低温度的非中性等离子体，因为在常规等离子体中较低的温度必然导致正负离子间的复合[3]。

等离子体概念可以推广，但核心内涵是集体行为起支配作用的宏观体系，分类如下。

（1）非中性等离子体：宏观上非电中性的体系，若由离子或电子单一电荷成分组成，则称为纯离子等离子体或纯电子等离子体。非中性等离子体存在着很强的自电（磁）场，自场对其平衡起重要作用[4]。

（2）固态等离子体：金属中的电子气、半导体中的自由电子与空穴在一定程度上具有等离子体特征。

（3）液态等离子体：电解液中的正负离子是自由的，具有等离子体特征。

（4）天体物理中的星体：如果将万有引力与库仑力等价，则在天体尺度中，由星体构成的体系可视为一种类等离子体。

（5）夸克-胶子等离子体：将强相互作用与电磁相互作用类比，某些概念可用于粒子物理领域。

2.1.6 等离子体鞘层

等离子体在半导体生产中的广泛应用有两个主要原因：一是离子的能量（电离能和动能）和化学活性远高于中性原子或分子的能量，因而在极高温条件下才能产生的化学反应能在等离子体中高效完成；二是带电离子可以在电场下加速而具有方向性，进而可进行方向性刻蚀或者沉积。离子在晶圆表面的方向性通常是通过控制等离子体鞘层电场来实现的。

1. 概念

等离子体中明显呈电荷非中性的区域，称为等离子体鞘层。鞘层内部存在较强的电场，其作用范围约为德拜长度量级。在等离子体与固体各种接触面上通常存在鞘层；在等离子体内部密度或温度剧烈变化的地方，也可以存在鞘层[2]。

对于悬浮在等离子体中的金属电极（器壁）或绝缘体，由于电子运动速度一般大于离子运动速度，电子流较大，电子将在器壁积累形成电场，这个电场使得进入鞘层的电子流减小而离子流增大，最终两者相等。因而，在简单情况下，等离子体相对于绝缘器壁的电势要高约几倍的 T_e/e 值，如图 2.5（a）所示。在电极有电流的情况下，电极相对等离子体的电位可正可负。一般来说，当流向电极的电子流较大时，电极相对等离子体的电势为正值，如图 2.5（b）所示；当流向电极的离子流较大时，电极相对于等离子体的电势为负值，如图 2.5（c）所示[3]。

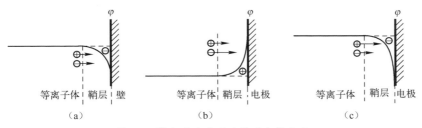

图 2.5　等离子体鞘层及鞘层电势分布

2．稳定鞘层判据

让我们考察一维鞘层的电势分布，参考图 2.5（c），x 轴方向由等离子体指向器壁。不考虑离子的温度，设离子在进入鞘层之前具有定向速度 u_0，则由能量守恒关系，鞘层中离子的速度为

$$u(x) = (u_0^2 - 2e\varphi / m_\text{i})^{1/2} \tag{2-14}$$

式中，m_i 为离子质量；φ 为鞘层内空间电势。

离子密度的空间分布直接由离子的连续性方程给出。

$$n_\text{i}(x) = n_0 \frac{u_0}{u_\text{i}(x)} = n_0 \left(1 - \frac{2e\varphi(x)}{m_\text{i} u_0^2} \right)^{-1/2} \tag{2-15}$$

式中，n_0 为鞘层外等离子体的密度。电子密度满足玻尔兹曼分布。

应用泊松方程，就可以得到鞘层中电势所满足的方程：

$$\frac{\text{d}^2 \varphi}{\text{d}x^2} = \frac{e}{\varepsilon_0}(n_\text{e} - n_\text{i}) = \frac{n_0 e}{\varepsilon_0} \left[\exp\left(\frac{e\varphi}{T_\text{e}} \right) - \left(1 - \frac{2e\varphi}{m_\text{i} u_0^2} \right)^{-1/2} \right] \tag{2-16}$$

一般情况下，此方程只能依赖于数值求解，但如果我们考察电势绝对值较小的区域，则有

$$\left(\frac{\text{d}\varphi}{\text{d}x} \right)^2 \approx \frac{n_0 T_\text{e}}{\varepsilon_0} \left(\frac{e\varphi}{T_\text{e}} \right)^2 - \frac{n_0 m_\text{i} u_0^2}{4\varepsilon_0} \left(\frac{2e\varphi}{m_\text{i} u_0^2} \right)^2 = \left(1 - \frac{C_\text{S}^2}{u_0^2} \right) \left(\frac{\varphi}{\lambda_\text{D}} \right)^2 \tag{2-17}$$

式中，C_S 为鞘层电容。

很明显，式（2-17）有解的条件要求：

$$M = u_0 / C_\text{S} > 1 \tag{2-18}$$

式中，M 为流体的定向速度与离子声速之比，称为马赫（Mach）数。这个条件是稳定鞘层存在的必要条件，称为玻姆（Bohm）鞘层判据。

稳定鞘层存在的要求是离子进入鞘层时的速度大于离子声速。通常这种定向的速度不是由外界施加的，而是等离子体内部电场空间分布自洽的调整结果。也就是说，自鞘边界向等离子体内部延伸，有一个电场强度较弱的被称为预鞘的区

域（预鞘区）。在预鞘区，离子被缓慢加速直至离子声速。实际上，鞘层和预鞘区并没有严格的区别，通常将离子达到离子声速的位置确定为鞘层的边缘，同时认为在预鞘区，准中性条件仍然满足。

2.2　集成电路常用的等离子体产生方式

等离子体刻蚀早期主要用于去除光刻胶。随着技术的发展，等离子体刻蚀逐步发展成为一种成熟的刻蚀技术并被引入至集成电路的生产中。技术引入的早期，容性耦合等离子体（Capacitive Coupled Plasma，CCP）刻蚀是主要的刻蚀手段。随着技术的不断发展，感性耦合等离子体（Inductive Coupled Plasma，ICP）和电子回旋共振等离子体（Electron Cyclotron Resonance，ECR）作为等离子体源都被应用到集成电路的加工中。各种不同的等离子体源因其不同的解离能力以及等离子体温度与成分的差异被应用到不同的工序中。

在刻蚀中应用的等离子体是部分电离的。在等离子体中，自由电子与中性原子（如 A）或分子（如 AB）碰撞，实现电离过程。由于入射电子的能量不同，这种碰撞也会产生其他物质，如负离子或者得到两种不同成分的离子。由于电子碰撞，也可以获得激发态分子、中性原子和离子。等离子体发出的光是由于激发态电子返回到它们的基态。因为每个激发态分子或者原子退激发时，电子态之间的能量是很明确的，每种气体将发出特定波长的光，所以可根据获得的不同波长的光进行非浸入式的等离子体诊断。

（1）电离过程：　　　　$e+A \rightarrow A^{+}+2e$

（2）离解过程：　　　　$e+AB \rightarrow A+B+e$

（3）激发过程：　　　　$e+A \rightarrow A^{*}+e$　　　　　　$A^{*} \rightarrow A+h\gamma$（光子）

2.2.1　容性耦合等离子体

1．容性耦合等离子体源介绍

刻蚀领域中最早应用的是容性耦合等离子体，采用的频率为 13.56MHz。在 20 世纪 90 年代初，这些技术被用于 90%以上的等离子体刻蚀。

一个典型的容性耦合等离子体反应器室结构如图 2.6 所示，电源被连接到源电极或偏置电极。在反应器中，所有与等离子体接触的表面形成鞘层，鞘层可以看作某种介电常数的电容器，即施加的功率是通过一个电容器传输到等离子体中的。

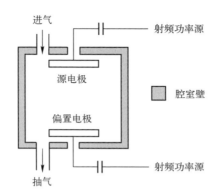

图 2.6 典型的容性耦合等离子体反应器室结构

在射频（2～100MHz 的频率）下，自由电子的运动能够响应外加电场的变化，若非受到碰撞，电子可以被外加电场加速而获得相当大的电子能量，可达几百 eV 的量级。另一方面，在这个频率范围，由于离子质量非常大，外界电场对其运动速度的影响非常小，可以忽略，即其从外界电场获得的能量非常小，能量主要来源于外部环境的热能。

在几毫托（mTorr）到几托（Torr）压力范围内的等离子体中，电子将比离子移动更长的距离。等离子体中的电子将比离子更频繁地与反应堆壁和电极碰撞从而更容易离开等离子体，这会使等离子体带正电荷。这时直流电场将会建立起来，使电子会在器壁或者电极被排斥回等离子体中。当等离子体达到平衡态，离开等离子体的电子和离子流量相当。如图 2.6 所示，偏置电极射频功率馈入前端隔直电容有助于形成直流电压。在最初的几个循环中，等离子体中产生的电子逸出到电极上，使电容带负电荷，在电极上形成一个负的直流偏置电压，它会排斥等离子体中的电子往电极上运动，这时射频交流电压会和负直流电压相叠加，如图 2.7 所示。

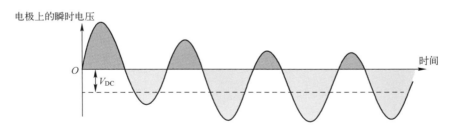

图 2.7 电极上的直流偏压形成

在接地导电壁附近的等离子体中，电子比离子移动速度快，电子先在壁上建立直流电场，排斥电子的进一步运动，使得等离子体的电势高于器壁的电势。

容性耦合模式下等离子体反应器的直流电压如图 2.8 所示。由图可知电子被边界电场约束在等离子体中。由于电子热运动速度远大于离子运动速度，部分电子先行离开等离子体区域，使等离子体略带正电位，边界电场的形成减小了电子流失速度，当电子和离子流失速度相同时，等离子体电位达到图 2.8 所示的平衡态。在等离子体内部，电场强度很小或接近于零。

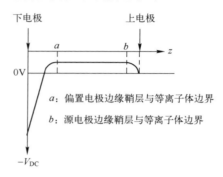

图 2.8　容性耦合模式下等离子体反应器的直流电压

在大多数反应腔中，可以清楚地观察到负电极侧的鞘层区，其亮度低于等离子体主体区域。在这个区域，自由电子的密度和能量都较低，电子与分子或者原子的碰撞减少，导致激发态分子或者原子减少，因此发射出的光子更少，对外表现出一个暗的鞘层区域。鞘层区域是可以计算的。

在直流或者稳态电场下，进入负电极侧鞘层区的离子加速流向负电极。鞘层中电流密度为常数，电荷密度随离子运动速度增加而降低。当 V_{DC}（直流偏压）远高于电子或离子热运动能量时，鞘层厚度为

$$\lambda_S = \frac{\sqrt{2}}{3}\left(\frac{2eV_{DC}}{k_b T_e}\right)^{3/4}\lambda_{De} \tag{2-19}$$

式中，V_{DC} 为直流偏压；λ_S 为鞘层厚度，在等离子体刻蚀工艺中，可达几毫米或者 1cm 左右；k_b 为波尔兹曼常数。电子穿越鞘层所需时间，也就是电子的响应时间为

$$\tau_e = \frac{\lambda_{De}}{\sqrt{k_b T_e / m_e}} \tag{2-20}$$

同理离子有类似的表达式：

$$\tau_i = \frac{\lambda_{De}}{\sqrt{k_b T_e / m_i}} \tag{2-21}$$

由于离子质量大，离子响应时间较长，当特征频率较高时，离子几乎不受射频电场干扰。不同的特征频率范围如下所示：

（1）低频范围（$\omega \ll \omega_{pi}$，ω 为外加驱动电压的频率，ω_{pi} 为离子等离子体频率）。

离子穿过一个德拜长度所需要时间为 ω_{pi}^{-1}，所以在频率非常低的情况下，与施加的电压变化周期相比，离子（和电子）的响应时间更短。离子穿越鞘层的时间远小于振荡的周期。如果鞘层电势的振荡频率非常低，则可以把这种振荡看成一系列的准静态。在任意时刻，DC（直流）鞘层模型都是适用的。只有当鞘层电势与悬浮电势相等时，电子和离子电流才会相互抵消，外电路的净电流将为零。在其他情形下，到达表面的电荷量不再平衡，电流会流过外电路，并通过地电极流回等离子体。

（2）中等频率（$\omega \leqslant \omega_{pi}$）范围。

当 RF 频率接近离子等离子体频率 ω_{pi} 时，离子穿越鞘层的时间与 RF 周期相当。在此情形下，离子对鞘层电场的变化并不是完全响应的，这将使得离子动力学过程变得复杂。离子在穿越鞘层时所获得的能量依赖于 RF 调制的相位和频率，所以通过控制这些 RF 参数，可以调整离子的能量分布函数。

（3）高频率（$\omega_{pi} \ll \omega < \omega_{pe}$，$\omega_{pe}$ 为电子等离子体频率）范围。

当外加交流电频率远高于离子等离子体频率但小于电子等离子体频率时，离子几乎不受干扰，而电子随着鞘层电势的变化作往返振荡。在此频率范围内，靠近等离子体/鞘层界面处的电子能够迅速响应电容上的电量变化，并进行重新分布，其中电容上的电荷变化是由外加驱动电压引起的。

（4）大于电子等离子体频率（$\omega_{pe} < \omega$）范围。

在此频率范围内，即使电子也不能瞬时响应外加电压的变化，因此电场可以像穿透电介质一样穿透或者深入等离子体，电子也没有足够的时间来维持等离子体的瞬时准电中性。

2．容性耦合等离子体源的改进

容性耦合等离子体作为等离子体刻蚀的主要等离子体源已经使用了几十年。其最大的优点是制造这些等离子体的反应腔简单，但是这种类型的等离子体受到相当大的限制。

第一个限制是离子密度与离子-能量直接耦合。如果想要获得一个高活性粒子密度的等离子体，只能增大馈入等离子体中的功率。由于离子密度与离子能量的耦合，馈入功率的增大，在获得高活性粒子密度的同时，离子能量也会变得很高。因此，如果想要一个以化学反应为主的高反应性等离子体，该类型的等离子体是不够的。人们为了获得同时具有很高离子密度又具有低离子能量的等离子体，发展出了多频率的 RIE 系统，以期望用高频控制等离子体的密度，使用低频控制离子的能量，但是相对的离子能量还是较高。

第二个限制是不可能在低压力下产生等离子体。10mTorr 通常是该类型等离子体可以维持的最低压力。压力再低时，由于自由程加长，无法通过粒子间碰撞产生足够数量的自由电子来产生和维持等离子体。在当今的刻蚀中，需要非常高深宽比的深槽刻蚀，离子需要以几乎垂直的角度进入晶圆表面。因此在鞘层中应该很少或没有碰撞，这需要一个大的平均自由程，必须尽量减小压力。

为了提高等离子体密度，提高刻蚀速率，发展出了磁增强反应离子刻蚀和多频反应离子刻蚀。

磁增强反应离子刻蚀（Magnetically Enhanced Reactive Ion Etching，MERIE）通过外加磁场使得电子在磁场线中螺旋前进，提高了碰撞的概率，进而提高了离子密度。MERIE 是在腔室外部加入永磁铁或线圈来控制电子。对于磁增强等离子体，主要适用的压力在 100mTorr 以下。高于 100mTorr 的压力下，由于离子运动的自由程减小，电子的碰撞增强作用减弱。当压力足够高（>200mTorr）时，这种磁增强反应离子刻蚀放电的密度提升能力基本可以忽略。

多频容性耦合等离子体能够实现等离子体密度与能量的单独控制，逐步衍生出在不同的电极或者同一电极加载不同频率的功率源的技术。最新的技术可以在刻蚀电极上加载三个不同的频率。当前最常见的还是双频容性耦合等离子体放电。采用 DC（直流）或 400kHz、2MHz、13.56MHz、27MHz、48MHz、60MHz 及更高频率，双频容性耦合放电可以实现能量和密度独立控制。利用高频功率源来控制等离子体的密度，利用低频功率源来控制等离子体的能量。

2.2.2 感性耦合等离子体

1. 感性耦合等离子体源的发展历程

容性耦合等离子体还存在一些不足。尽管甚高频容性耦合等离子体可以具有很高的密度，但其空间均匀性将是一个主要的问题。另外，即使在多频驱动的放电下，离子能量和通量也无法完全独立地变化，而感性耦合放电在一定程度上可以解决这些问题。因此，感性耦合放电在等离子体处理工艺及等离子体光源等方面被广泛应用。

感性放电现象在 19 世纪末被广泛认识。其放电原理是线圈中的射频驱动电流，在等离子体中感应出一个射频电流。利用电磁学的观点解释，线圈中的射频驱动电流会产生一个变化的磁场，变化的磁场又进一步感应出电场，这就是所谓的 H 模式。但是，在产生 H 模式方面，线圈比一对平行板更有效。另外，线圈可以与等离子体进行静电耦合，也可以在 E 模式下运行，这就意味着感性放电可以在 H 模式和 E 模式之间转换。但是，与甚高频容性耦合放电相比，其放电模式转换比较陡峭，尤其是对电负性气体放电，在放电过程中会出现很强的回滞效应[10]和不稳定性[11-14]。

通过在另外一个电极上施加偏压电源，便可独立地调控入射到基片表面上的离子能量，该基片被放置在一个浸泡在感性耦合等离子体中的电极上。根据自偏压效应，基片与等离子体间很容易产生一个容性耦合电压。由偏压电源转移到等离子体中电子上的功率只能稍微影响等离子体密度和离子通量。

根据反应容器的几何形状设计，产生感性耦合等离子体的腔室结构可以分为两种类型，如图 2.9 所示。

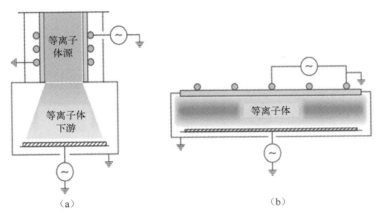

图 2.9　产生感性耦合等离子体的腔室结构

一种腔室结构是在柱状介质管上缠绕线圈，用来产生等离子体，然后等离子体从介质管扩散到置有基片的处理腔室中，如图 2.9（a）所示。另外一种腔室结构是在等离子体上方的介质窗上方放置平面线圈，介质窗与基片台的距离明显地小于腔室的半径，如图 2.9（b）所示，这是集成电路产业中等离子体刻蚀工艺通常采用的。

等离子体中产生的射频电流，或等价的感应电磁场，仅能在厚度为 δ 的趋肤层内流动。由于非局域效应和几何效应，趋肤层有时是不同的，电场也是非均匀的。

ICP 与 CCP 等离子体源不同的是，其器壁边界鞘层的厚度一般远小于趋肤层的厚度，而且当感性耦合放电处于 H 模式时，发生在鞘层内的物理过程不太重要。然而，当系统的电流（功率）比较低时，等离子体与线圈间的静电耦合将起支配作用。这时，鞘层的影响不能忽略。

2. 变压器模型

感性耦合可以用一个类似于变压器的模型来描述。这个模型最早是由 Piejak 等提出的[15]。在这种模型中，线圈形成的电感和等离子体感性部分形成的电感构成一个变压器，其中等离子体的感性部分所等效的电感被视为空心变压器的单匝二次线圈。一次线圈的电感 L_{coil} 和电阻 R_{coil} 两个量定义了线圈的 Q 值，即 $Q = \omega L_{coil} / R_{coil}$。线圈电阻、电感和 Q 值主要是通过实验测量来表征其大小，当然也可通过理论计算来估算。

在变压器耦合模型中，一个关键的参数是互感 M，通过该参数将线圈与单匝等离子体环联系到一起。一次线圈中的电流可以在二次线圈中感应出电压，反之亦然。在一般情形下，通常 M 被假设为一个实数。可以把一次线圈和二次线圈构成的变压器耦合回路（见图 2.10 左侧）转换成一个由电阻 R_s 和电感 L_s 组成的单一回路（见图 2.10 右侧）。

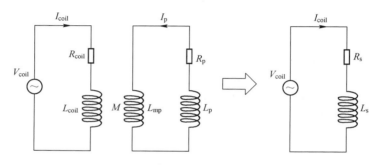

图 2.10　感性放电的变压器模型

对于上述回路，根据基尔霍夫定律有

$$\dot{V}_{coil} = j\omega L_{coil} I_{coil} + R_{coil} I_{coil} + j\omega M \dot{I}_p \tag{2-22}$$

$$\dot{V}_p = j\omega L_{mp} \dot{I}_p + j\omega M I_{coil} = -\dot{I}_p \left[R_p + jR_p \left(\frac{\omega}{v_m} \right) \right] \tag{2-23}$$

$$\dot{V}_{coil} = (j\omega L_s + R_s) I_{coil} \tag{2-24}$$

式中，$\dot{V}_{coil}$ 为施加到线圈上的外加驱动电压；L_{coil} 为线圈电感；I_{coil} 为线圈电流；R_{coil} 为线圈电阻；ω 为外加驱动电压频率；M 为互感系数；I_p 为等离子体中的电流；L_{mp} 为二次线圈的电感；R_p 为等离子体电阻；v_m 为粒子碰撞频率；L_s 为等效单一回路中的电感；R_s 为等效单一回路中的电阻。

通过变压器模型来精确地描述感性放电，考虑输入到变压器的功率完全被等离子体所吸收，可得关系：$R_p |\dot{I}_p^2| = R_{ind} I_{coil}^2$。利用互感 M 与变压器模型中各元件的关系，可以得出 R_s 和 L_s 的表达形式。

这样，电阻 R_s 完美地与电磁模型相匹配。尽管在变压器模型中，电子为低密度或高密度的情况下，L_s 与 L_{ind} 有相同的极限值，但在整个电子密度范围内 L_s 并不等于 L_{ind}。在高电子密度的情况下，有 $R_{ind} = N^2 R_p$，且惯性项 R_{ind}/v_m 是个小量，则电感变为 $L_s \approx L_{coil}(1 - r_0^2 / r_c^2)$。

在低电子密度极限下，由于 R_{ind} 无限趋近于 0，则有 $L_s \approx L_{coil}$。对于整个电子密度范围内，由变压器模型给出的电感 L_s 及由电磁模型给出的感抗 L_{ind} 随电子密度的变化如图 2.11 所示，显示在中等密度区差别最大。

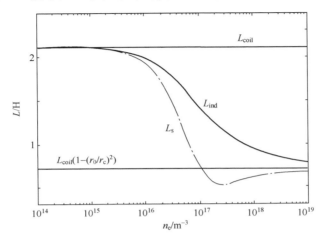

图 2.11　由变压器模型给出的电感 L_s 及由电磁模型给出的感抗 L_{ind} 随电子密度的变化

总结一下变压器模型理论，可以得到如下结论：

（1）在等离子体模型中，电子密度的增大会导致等离子体电阻逐渐地衰减，而在高电子密度情况下，等离子体电流增加到一个极值 $I_p = NI_{coil}$。

（2）在变压器模型中，一旦等离子体二次侧被转换成一次回路，电阻 R_s 的变化是先增大再减小，从低密度 n_e 情况下开始增加，达到一个最大值后，最终在高密度时衰减。

（3）为了能够结合上述现象导致的结果，互感系数 M 必须是电子密度的函数。

（4）严格地讲，在所考虑的电子密度取值范围内，为了模拟变换回路的电阻及感抗，互感系数必须是一个复数（M 有一个实部和虚部）。为了得到一个感抗的近似简化的表示式，通常假设 M 是一个纯实数。

（5）作为一个一般性结论，有必要指出：在高电子密度下，变压器模型是成立的；但在低密度或中等密度下，实际情况会存在偏离。

3．感性耦合等离子体中的容性耦合

在实际的感性耦合等离子体中，容性耦合也是等离子体的重要部分。除了考虑感性电流（变压器模型），还需考虑电流的容性部分，从而建立一个模型，能把外电流、电压和空间平均的等离子体特征量联系起来。在感性耦合中，线圈上的电压需要足够大，以使驱动产生的容性射频电流能够从介质管（或窗）流经鞘层、等离子体，最后流到地。

这种容性耦合将影响到一部分功率分配，仅在低电子密度下，等离子体处于 E 模式，容性耦合占主导地位。然而感性放电要求放电装置在高电子密度下能在 H 模式（电磁感应，感性耦合）下运行，且当放电功率较低时（低电子密度）时，感性耦合等离子体也可以在 E 模式下（容性耦合）运行，如图 2.12 所示。

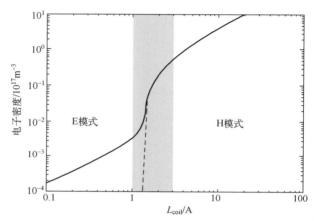

图 2.12　考虑容性耦合的情况下，处于平衡态的电子密度随线圈电流的变化情况[16]

ICP 的复杂几何结构使得线圈内部的电压分布不均匀，只有通过对电磁场进行三维数值计算，才能建立适当的容性耦合的模型，而且这种容性耦合也依赖于设计。为了从物理上解释，可以采用一种简化的模型，如图 2.13 所示。

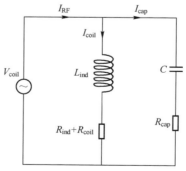

图 2.13　考虑容性耦合的感应放电简化回路模型

对于感性分支，先通过简单的电感及电阻来模拟，暂时不使用传输线模型。类似的，对于容性分支，可以用串联的电容及电阻来模拟，其中在电阻中包括了电子的欧姆加热和随机加热效应。电容是介质窗的电容与鞘层电容的串联之和，其中鞘层电容随等离子体的参数变化。在很多情况下，介质窗的电容要远小于 RF 鞘层的电容，因此鞘层电容起主要作用。

由于容性分支的阻抗总是大于感性分支的阻抗，所以有 $I_{coil} \approx \dot{I}_{RF} \approx \dot{V}_{coil} / j\omega L_{ind}$。几乎在整个运行区间，都满足 $R_{ind} + R_{coil} << \omega L_{ind}$，并且容性支路的电阻与其电容的阻抗相比远小于 1，即 $\omega R_{cap} C << 1$。这样，对于有容性耦合存在的感性放电，电子吸收的功率为

$$P_{abs} \approx \frac{1}{2}[R_{ind} + (\omega^2 L_{ind} C)^2 R_{cap}]I_{coil}^2 \qquad (2\text{-}25)$$

式中，两个电阻都是电子密度的函数。对于容性电阻 R_{cap}，很难精确地对其进行描述，但可以把它分解成欧姆部分和随机部分，且两者随 $1/n_e$ 变化，则有 $R_{cap} = R_{ohm} + R_{stos}$。当考虑容性耦合时，功率耦合效率为电子吸收功率与线圈负载功率-电子吸收功率之和的比值。

例如，放电气压为 1.33Pa（10mTorr）时的能量耦合效率如图 2.14 所示，其中计算所用到的电子温度为 2.47V，电子密度为 $6 \times 10^{16} m^{-3}$，线圈电感 $L_{coil} =$ 2.1μH，线圈电阻 $R_{coil} = 0.137\Omega$，角频率 $\omega = 2\pi \times 13.56 MHz$，$Q \approx 1300$。图 2.14 中灰色部分为 E-H 转换区域，其左边为容性耦合区域，右边是感性耦合区域。最大耦合效率出现在感性耦合的开始，此后，则在较高 RF 电流的情况下减小。在感性放电电阻 R_{ind} 的最大值处，达到功率平衡时，耦合效率最高。

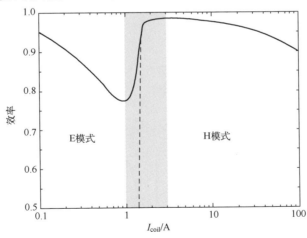

图 2.14 具有容性耦合的感性放电，能量耦合效率随线圈电流变化情况

4．感性耦合等离子体源总结

关于感性耦合等离子体源的主要结论如下：

（1）施加在介质窗外部的线圈上的 RF 电流可以产生感性放电。这种放电一般利用变压器模型来描述，把等离子体回路电流看作变压器的二次回路。

（2）当激励射频能量的角频率远小于粒子碰撞频率时，感性放电将具有很高的耦合效率。对于这种情况下，等离子体与线圈间的距离必须足够小。

（3）在低 RF 电流（功率）下，感性放电可以在 E 模式下运行。由此引发 E-H 模式的转换。

（4）原则上讲，对于 ICP 源，离子能量和通量可以近似独立地控制，这是因为由线圈产生的等离子体与基片台上施加的偏压是独立进行的。

2.2.3 电子回旋共振等离子体

电子回旋共振（ECR）等离子体产生的基本机制是微波放电系统中外加磁感应强度为 B 的稳定磁场，当施加恒定磁场时，电子回旋频率 f 满足 $2\pi f = eB/m$，其中，e 为电子电荷，m 为电子质量。

如果一个可变电场有相同的频率 f，电子可以从外界电磁场中吸收能量，电子与其他分子或者原子碰撞进而激发等离子体。为了保证电子获得足够的电场加速，ECR 只能在低压下工作，通常低于 10mTorr。

利用微波产生的等离子体一般密度更高。但是，产生等离子体的源区距离晶圆较远，到达晶圆表面的反应粒子密度通常比射频等离子体的低，刻蚀的均匀性一般较差。使用 ECR 设备，如图 2.15 所示，电子、离子以及其他活性粒子密度可以增加，均匀性将比一个简单的微波反应装置明显提升。

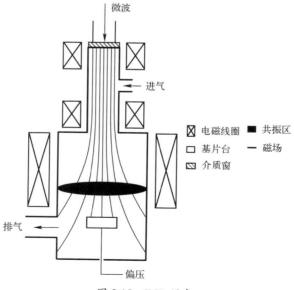

图 2.15 ECR 设备

使用 ECR 微波等离子体的缺点是所施加的磁场必须很大，对于频率为 2.45GHz 的微波等离子体，要获得共振，磁感应强度大约为 875Gs。对于射频等离子体，可以在更低的磁场下获得电子回旋共振。由 $B \sim f/2.8$ 可知，外加磁场强度 B 与频率 f 为线性正比关系。

ECR 可以产生高的离子密度和电子密度，在较低的压力下，可以获得较高的刻蚀速率和良好的各向异性。ECR 刻蚀的主要缺点是刻蚀的均匀性较低，等离子体产生区离晶圆有一定距离，通过扩散到晶圆表面，因此很难在较大的晶圆直径上获得良好的均匀性。随着晶圆尺寸的不断增大，ECR 在这些领域的应用将会越来越少；但是对于其他直径更小的衬底，ECR 是一种很好的技术。

参 考 文 献

[1] Chen F F. Introduction to Plasma Physics and Controlled Fusion, second edition[M]. New York: Plenum Press, 1984.

[2] 刘万东. 等离子体物理导论[M]. 合肥：中国科学技术大学，2002.

[3] 马腾才. 胡希伟. 陈银华. 等离子体物理原理[M]. 北京：中国科技大学出版社，1988.

[4] 李定，陈银华，马锦秀，等. 等离子体物理学基础[M]. 北京：高等教育出版社，2006.

[5] 杜世刚. 等离子体物理[M]. 北京：原子能出版社，1998.

[6] Body T J M, Sanderson J J. Plasma Dynamics [M]. Barnes & Noble Incorporated, 1969.

[7] Body T J M, Sanderson J J. the Physics of Plasmas [D]. Cambridge University Press, 2003.

[8] 徐家鸾，金尚宪. 等离子体物理学[M]. 北京：原子能出版社，1981.

[9] Dwight R, Nicholson. Introduction to Plasma Theory [M]. John Wiley & Sons Incorporated, 1983.

[10] Turner M M, Lieberman M A. Hysteresis and the E-to-H transition in radiofrequency inductive discharges [J]. Plasma Sources Science Technology, 1999, 8:313.

[11] Chabert P, Lichtenberg A J, Lieberman M A, Marakhtanov A M. Instabilities in low-pressure electronegative inductive discharges [J]. Plasma Sources Science Technology, 2001,10:478.

[12] Chabert P, Abada H, Booth JP, Lieberman M A. Radical dynamics in unstable

CF4 inductive discharges [J]. Journal of Applied Physics, 2003, 94:76.

[13] Chabert P, Lichtenberg A J, Lieberman M A, Marakhtanov A M. Dynamics of steady and unsteady operation of inductive discharges with attaching gases [J]. Journal of Applied. Physics, 2003, 94:831.

[14] Marakhtanov A M, Tuszewski M, Lieberman M A. Lichtenberg A J. and Chabert P. Stable and unstable behavior of inductively coupled electronegative discharges [J]. Journal of Vacuum Science and Technology A, 2003, 21:1849.

[15] Piejak R B, Godyak V A, Alexandrovich B M. A simple analysis of an inductive RF discharge [J]. Plasma Sources Science Technology, 1992, 1:179.

[16] 王友年，徐军，宋远红. 射频等离子体物理学[M]. 北京：科学出版社，2015.

第3章

集成电路制造中的等离子体刻蚀工艺

自 1958 年研制出第一块集成电路，湿法刻蚀一直是集成电路制造中的关键技术之一。由于湿法刻蚀的成本较低，且方法简便，被普遍用于中小规模集成电路制造。然而，在高集成度和高密度化方向发展的大规模集成电路制造过程中，湿法刻蚀的各向同性特点不能满足产业发展的要求，迫切需要寻找新的技术途径。

能够实现各向异性刻蚀的等离子体刻蚀（业界也称为干法刻蚀）成为器件特征尺寸不断缩小的不可替代的技术。从 20 世纪 70 年代开始，等离子体刻蚀已经广泛被用于刻蚀出高分辨率的图形，并且仍然流行于当今 55nm 到 10nm 工艺节点的刻蚀中。

3.1　等离子体刻蚀的发展

等离子体刻蚀通常指的是干法刻蚀技术，主要是通过刻蚀机台来完成的，因此，等离子体刻蚀的发展一直伴随着干法刻蚀机台的开发，但不同的厂商所设计的机台也有所差异。在过去的 50 多年里，干法刻蚀机的发展历史是以开发反应器结构和增强各种物理化学参数的控制功能为标志的（见图 3.1）。从早期的筒形/平板形刻蚀机的应用开始，到 20 世纪 90 年代 RIE/CCP 的出现，以及目前的高密度等离子体（High Density Plasma，HDP）反应器的开发，都遵循器件特征尺寸持续缩小的制造需求。

20 世纪 70 年代出现的筒形干法反应器是为了替换湿法刻蚀工艺，用于去除正性光刻胶，效率极高。筒形刻蚀机是通过电磁感应线圈围绕一个圆柱形石英管产生等离子体的（见图 3.2）。每一批次大约有 50 个晶圆可以同时参与刻蚀，进行批量处理。这种刻蚀设备采用的是各向同性刻蚀，工艺压力范围较大，精确度较低，主要用于灰化过程处理。

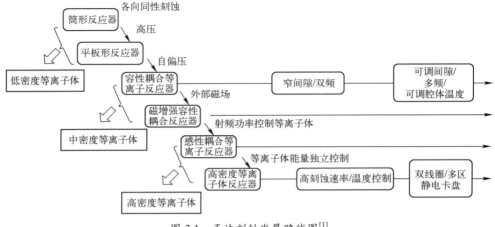

图 3.1　干法刻蚀发展路线图[1]

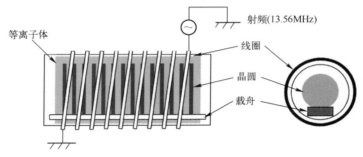

图 3.2　筒形刻蚀机反应机理图

容性耦合等离子体（Capacitively Coupled Plasma，CCP）源是通过对相互平行放置的电极施加射频功率产生等离子体源的设备，其研究开始于 20 世纪 70 年代，主要用于反应性等离子体刻蚀工艺。由于单频（13.56MHz）射频电源难以有效、独立地控制等离子体密度和入射到基片上的离子能量分布，所以目前一些半导体设备制造公司（如美国 Lam、美国 Applied Material、日本 Tokyo Electron 和中国 AMEC）已经研制出或正在研制可独立控制等离子体密度和离子能量的双频容性耦合等离子体（DF-CCP）源，用高频电源控制等离子体密度，用低频电源控制离子能量。目前 DF-CCP 主要应用于介质刻蚀，实现对绝缘体 SiO_2 的刻蚀。图 3.3 是双频容性

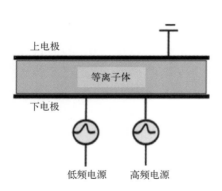

图 3.3　双频容性耦合等离子体源结构示意图

耦合等离子体源结构示意图。

感性耦合等离子体（Inductively Coupled Plasma，ICP）源的早期开发开始于 20 世纪初，但在当时仍有许多不足之处。例如，只能在高压（约几百帕）的条件下才能获得高浓度的等离子体，并且等离子体能够覆盖的范围比较窄。从 20 世纪 90 年代开始，以美国和韩国为代表开发出了第三代等离子体源。第三代等离子体源装置简单，通过线圈感应，能够在较宽的压强范围内（1～40Pa）获得大口径（0.3～0.04m）、高密度（10^{11}～10^{12}cm^{-3}）的等离子体。根据线圈结构不同，感性耦合源可分为圆柱结构（美国 SPTS）和平面结构（美国 Lam），如图 3.4 所示。

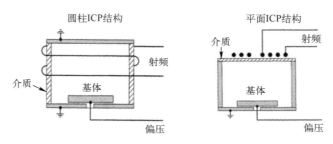

图 3.4　感性耦合等离子体源结构示意图

感性耦合等离子体源具有两个独立的射频功率源，克服了等离子体密度与离子轰击能量不能独立控制的缺点。采用感性耦合等离子体源装置，在半导体芯片刻蚀工艺中可以得到很高的刻蚀速率和很好的刻蚀方向性。但是，由于感性等离子体是高密度等离子体，气体分子的离化率很高，分子也被分裂得很彻底，因此很容易在刻蚀腔上淀积一层聚合物（Polymer）。这层聚合物会影响工艺的可重复性，产生严重的工艺漂移现象，使感性耦合等离子体源不适合电介质刻蚀的大规模生产，而主要用于多晶硅和金属刻蚀。

同时，当晶圆尺寸从 4in 增加到 12in 时，面对着工业产能的提高，对刻蚀速率和刻蚀均匀性提出了更高的要求。一些新型的刻蚀机台，如电子回旋共振等离子体机台、远距离等离子体刻蚀机台和等离子体边缘刻蚀机台等，逐渐产生并应用到集成电路制造业中。

3.1.1　传统等离子体刻蚀

从 20 世纪 80 年代开始，等离子体刻蚀工艺一直是集成电路制造业中无法替代的生产技术[2-3]。在超大规模集成电路的生产制造中，为了满足量产的需求，等离子体刻蚀过程需要达到高产量、高均匀性、高选择比、高深宽比、低能量损伤等目标。

随着器件特征尺寸越来越小，对刻蚀的要求也变得越来越高，刻蚀过程往往需要高选择比、各向异性和较小的等离子体损伤。在等离子体刻蚀过程中，为了达到理想的刻蚀结果，通常会调控优化等离子体的工艺参数（见图3.5）。例如，等离子体密度会影响刻蚀的特征尺寸，刻蚀的形貌受到粒子和离子的能量控制等，还有一些结果是多因素共同决定的。然而在传统的等离子体放电中，由于要面临各种因素的冲突，很难实现同时对各个因素的有效调控，因此要在基片上取得期望的效果是受限制的。由于传统等离子体调节参数的限制性，所以非常需要操作条件更灵活、范围更广的等离子体来提高刻蚀过程的可控性。因此，为了满足这些条件，脉冲等离子体刻蚀技术被开发并逐渐应用于工业界。

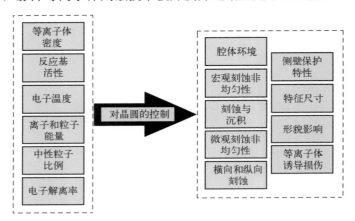

图 3.5　等离子体刻蚀过程中不同参数的控制问题[2]

3.1.2　脉冲等离子体刻蚀

当器件特征尺寸缩小到 28nm 节点以下，对脉冲等离子体刻蚀技术的需求越来越迫切。经研究发现，相比于传统的连续波等离子体刻蚀，脉冲等离子体刻蚀技术能够在刻蚀选择比、各向异性和轻电荷累积损伤等方面展现出诸多优势[4]。脉冲技术不仅增加了可以调节的参数（尤其是脉冲频率和占空比），而且在脉冲调制源偏压（Source Pulsing）驱动下，等离子体处于准静态状态。这是由于在传统的连续等离子体刻蚀过程中，对于给定的气体混合比、气体流速、能量分布、频率和腔体几何形状，电子的产生和消耗在稳态中进行，电子能量分布也基本处于恒定的状态。在脉冲等离子体刻蚀过程中，由于功率是在重复的脉冲循环中以一定的负载系数施加的，所以电子的产生和消耗之间的平衡则需要在脉冲过程中维持。在这种情况下，脉冲等离子体可以通过占空比和脉冲频率等参数来调节和优化电子的能量分布。脉冲调制源偏压等离子体能够提高刻蚀速率（Etching Rate），改善均匀性（Uniformity），减少晶圆损伤，并有可能成为微电子行业先进制造工艺的关键技术。

对于脉冲技术，不同的输入参数，如反应器结构（Structure）、源功率（Source Power）、偏置功率（Bias Power）、气压（Pressure）、频率（Frequency）、脉冲方式（Pulsing Mode）、脉冲重复频率（Pulse Repetition Frequency，PRF）、脉冲占空比（Pulse Duty Cycle）等，都会影响刻蚀机台内等离子体的特性，如等离子体密度、反应基团活性、电子温度、中性离子和解离率等[5]。总的来说，脉冲等离子体工艺具有以下优点：（1）源电极使用脉冲射频，分别控制等离子体密度和中性基团的密度，灵活应用以消除表面粗糙度，增加选择性；（2）偏置电极使用脉冲射频，降低离子能量，减小表面损伤；（3）使用同步脉冲射频，降低电子温度，解决由于 RIE-Lag（RIE 滞后）效应引起的形貌差别和刻蚀深度差别（Depth Loading）。

浅沟槽刻蚀过程的微负载效应如图 3.6 所示，特点是大开口尺寸区域的刻蚀深度大于小开口尺寸区域。通过降低气体总流量、减小工艺气体压力、增大偏置电极电源功率、降低可生成沉积聚合物的气体流量等一些常规手段只能一定程度地缩小这种微负载效应，而利用脉冲等离子体技术可以实现深度微负载效应的消除或反转（$a-b=0$ 或 $a-b<0$）。

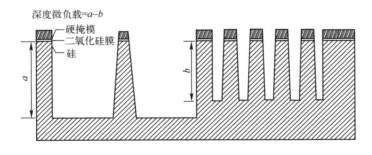

图 3.6   浅沟槽刻蚀过程的微负载效应

3.1.3 原子层刻蚀

随着集成电路制造工艺向 7nm、5nm 及以下节点推进，器件特征尺寸迅速缩小，器件特征尺寸变化幅度被要求在 3～4 个硅原子量级以内。传统刻蚀设备连续、无选择地刻蚀晶圆的方式不能够精确控制刻蚀过程和改善刻蚀结果。由于在刻蚀过程中，电极在高温高压下激发等离子体轰击晶圆，将影响器件的结构稳定性和漏电流，造成良率损失，因此，对于这种器件结构或其他某种结构，需要有选择性地去除目标材料而不损坏其他部分，同时对特征尺寸均匀性提出了更加严苛的要求。原子层刻蚀（Atomic Layer Etching，ALE）技术应运而生。

ALE 是一种能够精密控制被去除的材料量的先进技术。实现这一技术的一大关键在于将刻蚀工艺分为两大步骤：改性步骤（步骤 A）和去除步骤（步骤 B）。改性步骤需要对表面层进行改性处理，使其在去除步骤中能够被轻易地去除。去除步骤需要能够精确控制离子能量的等离子体来实现对改性层的刻蚀，每次循环只去除薄薄一层材料，可重复循环直至达到期望的刻蚀形貌。具体步骤为（1）改性（表面改性）、（2）抽真空清扫改性气体（吹扫）、（3）去除反应产物（清除）、（4）所有反应产物清洗（吹扫），整个反应 4 步有序衔接，不断循环（见图 3.7）。表面改性步骤所具有的饱和特性和反应产物清洗步骤的选择性剥离反应二者共同决定了整个反应的自限性。

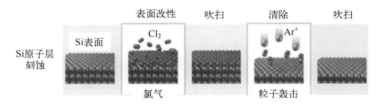

图 3.7　ALE 刻蚀工艺示意图

3.2　前 道 工 艺

现代集成电路制造工艺主要分为前道工艺（Front End of Line，FEOL）、中道工艺（Middle End of Line，MEOL）和后道工艺（Back End of Line，BEOL）。以逻辑集成电路多层金属互连剖面示意图（见图 3.8）为例，标出前道工艺、中道工艺、后道工艺对应的部分。

对于逻辑器件来说，前道工艺首先是在硅衬底上划分制备晶体管的区域（Active Area，AA），也就是刻蚀形成浅沟槽隔离（Shallow Trench Isolation，STI），其次是离子注入实现 n 型和 p 型区域作为器件的源极（Source）和漏极（Drain），最后是刻蚀栅极（Gate）形成开关区域。除 STI 刻蚀和栅极刻蚀等器件形成的必要步骤外，为了不断提高器件的性能，还有一些刻蚀工艺，如侧墙（Spacer）刻蚀和硅化物（Salicide）刻蚀等工艺技术也会在本节进行介绍。

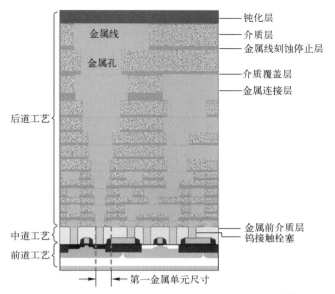

图 3.8　逻辑集成电路多层金属互连剖面示意图[6]

3.2.1　浅沟槽隔离（STI）刻蚀

由于集成电路内各个器件的工作电压是有差异的，为了保证器件之间不相互干扰，需要对它们进行相互绝缘隔离，从而实现电路的集成功能。隔离技术也决定了集成电路的性能和集成度。

早期的商业应用隔离技术是 pn 结隔离和硅局部氧化隔离（Local Oxidation of Silicon，LOCOS）。pn 结隔离技术相对来说工艺简单，良率高，但是集成度相对较低，同时在 CMOS 工艺集成过程中会形成闩锁效应问题，烧毁电路。在 pn 结隔离技术基础上开发出来的 LOCOS 技术同样无法广泛应用于高集成度的先进工艺。浅沟槽隔离技术采用凹进去的沟槽结构将构成器件的部件分离开，可以有效地解决鸟嘴效应和白带效应。化学机械抛光（Chemical Machine Polishing，CMP）技术的使用为浅沟槽隔离技术的应用开辟了道路。浅沟槽隔离技术对器件的性能和良率有很大的影响，因为浅沟槽隔离技术处理得较好，可以使相邻的两个 MOS 器件完全隔离，增强了器件工作的稳定性。浅沟槽隔离技术的主要工艺步骤如下：

（1）刻蚀底部抗反射层（Bottom Anti-reflection Coating，BARC），如图 3.9 中的①所示，通过 CF_4 和 O_2 等离子体刻蚀，将底部抗反射层打开。底部抗反射层的作用主要是为了减小在光刻时因为光线反射导致的线条变粗糙现象，同时还可以通过底部抗反射层调节线条的宽度。通过调节底部抗反射层的刻蚀时间，可以微调线条的宽度。若特征尺寸的均匀性不好，将会导致静态工作点漏电流性能的恶化。因此，底部抗反射层的打开步骤是特征尺寸均匀性控制的关键，一般使用含碳的氟基气体进行刻蚀，同时可在后续加入 Cl_2 和 O_2，通过微调 Cl_2/O_2 的流量进行底部抗反射层特征尺寸的微调整。

（2）刻蚀硬掩模层（SiN），如图 3.9 中的②所示，通过 Ar 进行离子轰击，同时使用 CF_4 气体进行刻蚀，要求该硬掩模层的侧壁角度在 87° 左右，以方便后续的沟槽填充。硬掩模层的主要作用是为接下来的多晶硅刻蚀充当硬掩模。

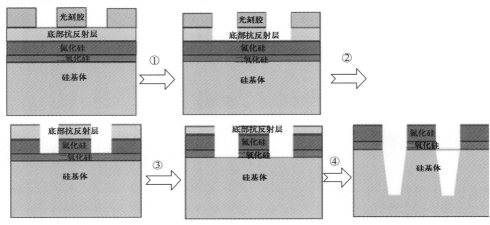

图 3.9　浅沟槽隔离工艺流程

（3）刻蚀二氧化硅自然氧化层，如图 3.9 中的③所示，使用 CF_4 等离子体进行刻蚀，增加这一步的主要目的是为了更好地进行后续的浅沟槽刻蚀。

（4）刻蚀多晶硅，形成浅沟槽（STI），如图 3.9 中的④所示，使用 Cl_2 和 HBr 气体产生等离子体进行刻蚀，要求侧壁角度在 85° 左右，侧壁表面平整没有损伤，刻蚀深度为 370nm±5nm。

在刻蚀过程中，STI 深度的变化会导致化学机械抛光后台阶高度（Step Height，SH）差的变化。SH 为从填充材料顶部表面到硅有源区的距离。SH 的明显变化会影响多晶硅栅极刻蚀底部形貌。图形密集区浅沟槽，开口尺寸小，深宽比高。为了保证在后续能够有效精确填充氧化硅介质，达到满意的隔离效果，STI 密集图形和稀疏图形深度等物理参数是需要研究的重要指标。

北方华创公司团队在 ICP 刻蚀机台上利用脉冲等离子体技术在进行 STI 刻蚀工艺中实现了多种深度微负载效应控制。图 3.10 反映了深度微负载可以在从正到负区间的改变，不仅能降低深度微负载效应，还能实现深度微负载效应的消除和反转。该团队还研究了深度负载效应和侧壁角度（Side Wall Angle，SWA）与刻蚀源功率（Source Power）和偏置功率（Bias Power）的相互关系。结果表明，随着源功率和偏置功率的增大，深度负载效应变得明显（见图 3.11）。STI 角度的变化会对后续的氧化物填充产生较大影响：角度太小，则隔离效果较差；角度太大，则填充时容易产生气泡，同样影响隔离效果。一般可以通过调整偏置电极的偏置功率或者改变反应压力进行角度的调整，结果如图 3.12 所示。

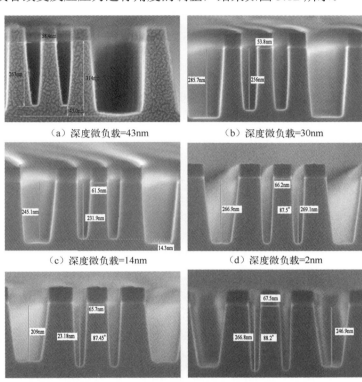

（a）深度微负载=43nm　　　　　　（b）深度微负载=30nm

（c）深度微负载=14nm　　　　　　（d）深度微负载=2nm

（e）深度微负载=−13nm　　　　　　（f）深度微负载=−20nm

图 3.10　利用脉冲技术实现微负载效应的消除和反转

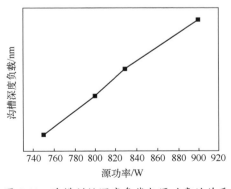

图 3.11　沟槽刻蚀深度负载与源功率的关系

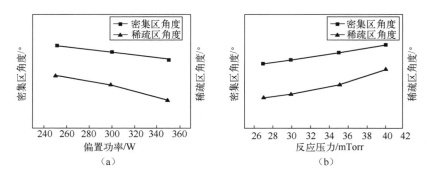

图 3.12　沟槽刻蚀侧壁角度与偏置功率和反应压力的关系

3.2.2　多晶硅栅极（Gate）刻蚀

随着集成电路工艺尺寸的持续缩小以及新工艺节点的到来，栅极的制造变得更具有挑战性。在尺寸缩小的过程中，出现了能够为 90nm 尺寸光刻的氟化氩（ArF）193nm 光刻技术。多晶硅栅极作为集成电路中最常用的栅极开关具有非常明显的优势，具体如下：

（1）在高温源/漏扩散工艺中，可以利用多晶硅栅极作为掩模实现源/漏掺杂的自对准；

（2）多晶硅不但与 SiO_2 的界面的工艺兼容性好，而且可以耐高温退火，满足离子注入的要求；

（3）可以通过改变多晶硅的 p/n 掺杂，有效控制 MOSFET 的阈值电压变化，有效地解决 CMOS 工艺中阈值电压的调节问题。

多晶硅栅极的刻蚀主要包括预刻蚀、主刻蚀和过刻蚀步骤，如图 13.13 所示。

预刻蚀（Break Through，BT）主要用于去除多晶硅的自然氧化膜、硬掩模和表面污染物等。BT 步常用的气体主要是带有氟元素的气体，如 CF_4、CHF_3 等。

主刻蚀（Main Etch，ME）用于刻蚀掉大部分的多晶硅膜，通常有比较高的刻蚀率，但对氧化硅的选择比较小。通过主刻蚀可基本决定硅栅极的剖面轮廓和特征尺寸。Cl_2、HBr、HCl 是硅栅极刻蚀的主要气体，Cl_2 和硅反应生成易挥发的 $SiCl_4$，而 HBr 和硅反应生成的 $SiBr_4$ 同样具有挥发性。这一步刻蚀通常会用到终点检测（End Point Detection，EPD）系统，用于检测底部的栅极介质层（SiO_2）。当工艺节点到 90nm、65nm 时，为满足工艺要求，如氟基气体（$NF_3/CF_4/SF_6$）对多晶硅掺杂不敏感时，可与传统主刻蚀气体组合使用。在传统刻蚀气体中加入适量的 SF_6 和 NF_3，可有效防止多晶硅栅极形状畸变和预掺杂负载现象。

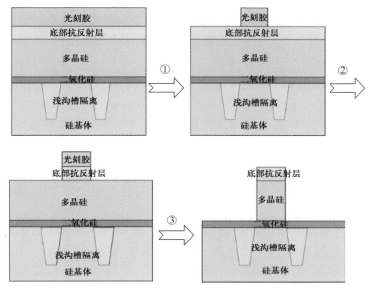

图 3.13　多晶硅栅极刻蚀的主要工艺步骤

过刻蚀（Over Etch，OE）用于去除刻蚀残留物和剩余多晶硅，防止多晶硅残留导致器件的路。OE 步骤要求刻蚀气体对底部栅极氧化层有较高的选择比。为了避免伤及栅极氧化层，形成刻蚀微槽，任何带有氟元素的气体，如 CF₄、SF₆、NF₃，都不能在过刻蚀的步骤中使用。

在多晶硅栅极刻蚀过程中，刻蚀后检测（After Etching Inspection，AEI）得到的栅线条宽度的特征尺寸（CD）、线条均匀性（CDU）、密集区和稀疏区的刻蚀偏差（TPEB）、线条宽粗糙度（LWR）等关键工艺参数需要精确控制，从而调节器件的性能和提高产品的良率。CDU 是 CD 的均匀性。刻蚀偏差是指刻蚀以后线宽或特征尺寸间距的变化。线条粗糙度反映了局部线宽变化量的情况。在刻蚀过程中，打开底部抗反射层（BARC）这步工艺是改进这些关键参数的主要手段之一。通过调试偏置电压、腔室压力和晶圆温度，选择最佳条件，得到较好的 CDU、TPEB 和 LWR。其中，晶圆温度对 CDU 的影响较为明显。此外，对 CDU 进行改善的成熟方法还可以通过计量补偿得到，即在已知片内的 AEI CD 分布的情况下，对 ADI（After Develop Inspection，显影后检测）CD 分布进行补偿，可以在晶圆边缘处增大 CD，由此改善 AEI CD 分布。但是 ADI 补偿并不能解决多晶硅栅极底部形状的负载，并很容易引入更多的 TPEB。对于 TPEB 而言，高压和低偏置是好的组合，然而这个条件会使 LWR 恶化。LWR 的改善则需要关注不同的气体组合，一般认为能在 BARC 打开过程中提供更强的光刻胶侧墙保护的气体更能起到改善 LWR 的作用。由此，可通过在偏置电压、腔室压力和晶圆温度中选择最佳组合条件，达到 CDU、TPEB、LWR 均满足工艺需求的目的。栅极形状在很大程度上取决于主刻蚀步骤，它的改善与 CDU、TPEB、LWR 无关。

另外，主刻蚀步骤和过刻蚀步骤中的偏置电压和工艺时间会对多晶硅栅极形状产生显著影响，可将侧墙角（Side Wall Angle，SWA）作为评价指标。一般而言，主刻蚀步骤时间的增加会使侧墙角增大，而主刻蚀步骤偏置电压的增高、过刻蚀步骤时间的增加以及偏置电压的增高会使侧墙角变小。值得注意的是，过刻蚀步骤时间的增加往往会引起颈缩现象的恶化。颈缩现象如图 3.14 所示。多晶硅栅极刻蚀工艺复杂，应根据实际的栅层结构，从各项工艺参数中选取最佳组合才能满足工艺需求，这就需要进行全面的实验设计（Design of Experiment，DOE）来选择合适的工艺参数。此外，不同的工艺步骤也会影响刻蚀效果及产品的良率。对于工艺步骤的确定，除了应该随时关注大生产线的动向和工艺潮流，更需加强自主研发投入，使自主研发的设备具有更好的适应性。多晶硅本身的应力会对栅极刻蚀后底部形状产生影响。由此，多晶硅栅极底部的局部刻蚀受多晶硅薄膜和衬底界面处应力的影响，而优化多晶硅薄膜的本征应力，有可能减小甚至是消除多晶硅栅极底部的形状畸变。此外，线边缘的收缩可通过底部抗反射涂层打开步骤的优化得到改善，而栅极刻蚀后出现的硅凹陷可通过过刻蚀步骤调节得到改善。

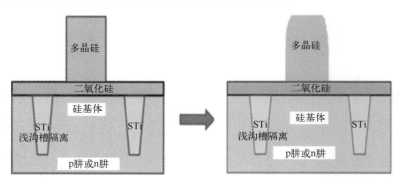

图 3.14 颈缩现象示意图

3.2.3 侧墙（Spacer）刻蚀

热载流子注入效应是导致器件和芯片的失效的诱因之一。研发人员利用降低漏极和衬底 pn 结附近的峰值电场强度来改善这一问题。侧墙是一个用来限定轻掺杂漏（Lightly Doped Drain，LDD）结和深源/漏结宽度的自对准技术。从器件结构的剖面图可以看出，LDD 结构是在侧墙的正下方，侧墙结构不但可以有效地掩蔽轻掺杂的 LDD 结构，而且隔离侧墙工艺技术不需要掩模版[7-8]。

侧墙刻蚀的工艺流程如图 3.15 所示，左侧是沉积介质层后的形貌；右侧是经过各向异性的干法刻蚀回刻形成的隔离侧墙结构，刻蚀的方向垂直向下，刻蚀停止于硅表面，侧墙的厚度是由沉积的介质层厚度决定的。

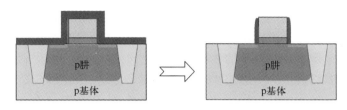

图 3.15　侧墙刻蚀工艺示意图

随着工艺技术的发展，侧墙介质层的材料也是更新迭代的。对于特征尺寸为 0.8μm 及以下的工艺技术，沉积的隔离侧墙介质层是 SiO_2；而当特征尺寸为 0.35μm 以下时，利用单层介质层无法满足器件电性能的要求，需要利用 SiO_2 和 Si_3N_4 组合代替介质层。这主要是由于在单层刻蚀时没有刻蚀停止层，刻蚀过程很容易损伤到硅衬底，双层刻蚀时下层可以作为氧化硅的刻蚀停止层，避免硅衬底被损害。另外，栅极与漏极的接触填充金属形成电容，如果深亚微米的工艺技术仍然利用 SiO_2 作为介质层，由于栅极与漏极的接触填充金属距离很近，SiO_2 不能形成很好的隔离，栅极与漏极的接触填充金属之间会存在漏电问题。而 SiO_2 和 Si_3N_4（SiO_2/Si_3N_4，ON）双层组合结构的 Si_3N_4 具有很好的电隔离特性。当特征尺寸变得越来越小时，双层侧墙结构同样也会遇到新的问题，如应力会使器件产生应变，导致器件的饱和电流减小，漏电流增大，以及栅极与漏极的寄生电容会逐渐增大开始影响器件的速度，此时选择三明治结构（$SiO_2/Si_3N_4/SiO_2$，ONO）和双重侧墙技术就可以解决问题。

针对侧墙的刻蚀工艺，主要的反应气体包括 $C_4F_8/CH_3F/CH_2F_2/CHF_3/CF_4$ 等，此外还需要添加一些稀释气体如 O_2、Ar 和 He。比如，ON 侧墙的工艺很简单，通常会用含氢的碳氟化合物气体来进行，这包含 CH_3F、CH_2F_2 和 CHF_3[9]。

3.3　中道工艺及后道工艺

集成电路的制造与"建造楼层"相似，是一层一层进行制备的。

中道工艺（MEOL）指的是连接晶体管与其上部第一层金属 M1（Metal

One）中间的一层制备工艺，其中涉及的刻蚀工艺主要为接触孔（Contact Hole）刻蚀以及接触孔填充后金属的回刻蚀（Etch Back）。

后道工艺（BEOL）指的是位于中道工艺接触孔之上的各层制备工艺，作用是连接各个晶体管，传输电信号，其中涉及的刻蚀工艺主要为金属刻蚀和介质通孔刻蚀以及顶部钝化层刻蚀。

随着晶体管尺寸的缩小，连接它们的金属线的尺寸也需要随之缩小线宽，或者增加堆栈层数。进一步缩小线路宽度或增加高度将显著提高线路中的电阻。与铝（Al）相比，铜有相对较小的体电阻率和更高的扩散激活能，使其在先进集成电路制造中占有显著优势。从 1997 年 IBM 宣布使用双大马士革工艺技术将铜材料应用于 220nm 工艺开始，芯片制造中逐渐由铝互连转为铜互连，在55nm/65nm 工艺后，逻辑集成电路基本上都是使用铜互连。

对具体材料的刻蚀，如后道工艺中涉及的介质和金属，干法刻蚀技术都是利用等离子体与材料发生物理和化学反应生成达到刻蚀的目的。

对逻辑集成电路来说，第一层金属（M1）的刻蚀尺寸最小，技术含量最高，其上的各层金属的平均尺寸基本逐层递增。对于铜互连工艺，由于铜较难刻蚀，其主要技术点在沉积和化学抛光，不涉及铜的干法刻蚀。本节按材料刻蚀划分，主要介绍硅氧氮碳氢等元素中的几种元素组成的介质化合物刻蚀，以及铝（Al）、钨（W）和氮化钛（TiN）金属刻蚀。

介质刻蚀主要介绍接触孔、通孔和沟槽刻蚀。对于集成电路顶层介质钝化层刻蚀，因尺寸较大，刻蚀较简单，不做单独介绍。

金属刻蚀主要为铝线刻蚀、铝垫刻蚀、钨刻蚀和氮化钛刻蚀。铝线刻蚀应用于后道工艺的有源区器件相连。铝垫刻蚀一般应用于集成电路的上部，为后续封装做准备。钨刻蚀主要为接触孔上层钨的回刻蚀工艺，以及钨作为金属栅极在先进集成电路中的回刻蚀。氮化钛刻蚀主要是为下层高深宽比沟槽的介质刻蚀做金属硬掩模。

铝刻蚀工艺完后，其表面残留的光刻胶或刻蚀副产物中会有氯残留，在暴露大气后氯气与大气中的水蒸气在铝表面发生电化学反应，会造成铝腐蚀。为防止铝腐蚀，需要在不暴露大气的情况下及时去除其表面残留的光刻胶，同时对其表面进行钝化保护处理。

3.3.1　接触孔和通孔及介质沟槽刻蚀

在集成电路后道工艺互连中，上下层之间通过金属孔互连，同一层中电信号通过金属沟槽互连。接触孔在多晶硅或扩散层和金属之间。通孔在上下层金属之间。金属填充之前需要先在介质层中将孔和槽刻开。通孔和介质沟槽刻蚀根据产品制造设计不同，分为先刻孔后刻槽工序、先刻槽再刻孔工序以及槽和孔一体化刻蚀工序。

1. 接触孔刻蚀

以 65nm/55nm 以上技术节点为例，接触孔刻蚀前和刻蚀后膜层结构示意图如图 3.16 所示，最上层为带孔图形的光刻胶（PR）层，光刻胶下为底部抗反射层（BARC），接着即为介质层以及其中的元器件层。刻蚀过程主要包括底部抗反射层刻蚀、介质主刻蚀（ME）、介质过刻蚀（OE）、灰化去胶（Asher）、金属硅化物连通（LRM）。

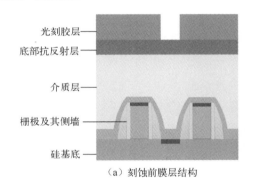
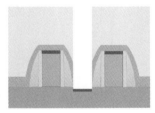

光刻胶层
底部抗反射层
介质层
栅极及其侧墙
硅基底

（a）刻蚀前膜层结构　　　　　　（b）刻蚀后膜层结构

图 3.16　接触孔刻蚀前和刻蚀后膜层结构示意图

底部抗反射层刻蚀的主要气体为含 C、F（如 CF_4、C_4F_8）气体和含 CHF（如 CHF_3、CH_2F_2、CH_3F）气体。F 元素是与底部抗反射层材料反应的主要元素。C、H 元素更多的是以形成聚合物的形式沉积在光刻胶和底部抗反射层的侧壁，形成侧壁保护。

$$SiO_2 + F^- + C^+ \longrightarrow SiF\,(g) + CO_2\,(g) \tag{3-1}$$

以 C_4F_8、CH_2F_2、CH_3F 这三种混合气体刻蚀底部抗反射层为例，增加 CH_3F 气体的比例可以刻蚀出倾斜的侧壁，在刻蚀过程中形成聚合物沉积到刻蚀层侧壁，阻碍了侧壁的刻蚀，同时这些聚合物沉积到光刻胶的顶部和侧壁，阻碍了光刻胶的刻蚀，增加了底部抗反射层对光刻胶的刻蚀选择比。由于 C、H 元素组成的聚合物对侧壁的保护，可以获得较小的接触孔，并且通过调节聚合物的含量，可调节其对孔内壁的保护，优化后续的介质层刻蚀，获得良好的接触孔形貌以及满足要求的孔径[10]。

介质层刻蚀是在底部抗反射层之后的刻蚀工艺，其上部的掩模层为光刻胶和底部抗反射层。介质层刻蚀分为主刻蚀和过刻蚀。主刻蚀的刻蚀深度为到达栅极上面的接触孔停止层，然后进入过刻蚀步骤。介质层通常以氧化硅为主，所以刻蚀气体以含氟气体为主，如 CF_4、C_2F_4、C_4F_8 等，此外还会加入 O_2 或 Ar 气体进行工艺调节。

加入少量的 O_2 可以促进刻蚀，主要由于 O_2 解离出的[O]离子与 C_xF_y 解离出的[C]离子复合，减小刻蚀过程的[C]离子比例，减少了含碳刻蚀聚合物的生成；此外[O]离子还与沉积在侧壁的聚合物反应，减小聚合物的厚度。所以，少量的 O_2 起到促进刻蚀，减少沉积物生成的作用，有助于接触孔的刻蚀，防止因刻蚀深度增加和聚合物的堆积导致刻蚀停止的现象。随着 O_2 比例的增大，生成的聚合物不足以保护氧化硅的侧壁时，会出现氧化硅侧壁弓形的异常形貌，如图 3.17 所示。此外，如果使用超大量的 O_2，会快速消耗介质层上方的掩模层，造成掩模不足，大量的[O]离子接触到氧化硅表面阻碍氧化硅的刻蚀，最终仍可造成刻蚀停止。所以，O_2 含量对刻蚀及其重要，工艺人员可通过调节 O_2 流量对形貌进行调节。

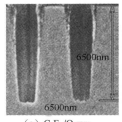
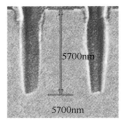

（a）$C_xF_y/O_2=m$　　　　　　　（b）$C_xF_y/O_2=1.11m$

图 3.17　不同 C_xF_y 与 O_2 比例下的刻蚀介质孔形貌[11]

当使用 C_4F_8 气体刻蚀介质层时，Ar 作为辅助调节气体时，Ar 可以极大地促进刻蚀气体的解离，从而电离出更多的[CF₂]自由基，[CF₂]自由基易于形成聚合物，所以较易刻蚀出倾斜的侧壁形貌[12]。

刻蚀工艺调试过程就是为寻找最近平衡点的过程。当聚合物较多时，刻蚀较倾斜；当聚合物较少时，刻蚀较直，甚至出现弓形侧壁。可以通过调节 O_2 或 Ar 流量，对侧壁形貌进行调节。

过刻蚀（OE）过程以刻蚀停止层下的氮化硅介质为主，要求孔侧壁形貌与主刻蚀侧壁形貌连贯，有助于孔内后续的金属填充。以主刻蚀的工艺配方为基础进行过刻蚀时，可进行气体的微调：如氮化硅侧壁保护不足，出现弓形，可以适当增加 Ar 或调解 O_2；如氮化硅侧壁比较倾斜，可适当增加含 F 气体比例或减少 O_2 等。

此外，功率不仅可以有效调节介质对光刻胶刻蚀的选择比，而且对刻蚀材料侧壁角度有重要影响。源功率的主要作用是对气体进行电离，主要用来改变等离子体的密度。源功率越大，被电离的气体的比例越多，等离子体密度越大。偏置功率的主要作用是对离子进行加速。偏置功率越大，离子获得的加速度越大，对晶圆表面的轰击越强烈。在源功率一定的条件下，增加偏置功率可以增加轰击，刻蚀的角度越直，此效果不仅适用于接触孔刻蚀，还适用于介质沟槽刻蚀。不同偏置功率下的接触孔和沟槽刻蚀如图 3.18 所示。

 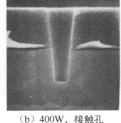  

（a）750W，接触孔　　（b）400W，接触孔　　（c）750W，沟槽　　（d）400W，沟槽

图 3.18　不同偏置功率下的接触孔和沟槽刻蚀[13]

增大偏置功率，增强了离子体对介质层的轰击，同时也增强了对掩模层的轰击刻蚀。介质层和掩模层的刻蚀速率是线性增大的，但是介质对光刻胶的刻蚀选择比是非线性的，当偏置功率从小到大增加时，选择比先增加后减小。偏置功率对氧化硅和光刻胶刻蚀速率及其选择比的影响如图 3.19 所示。

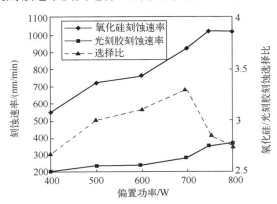

图 3.19　偏置功率对氧化硅和光刻胶刻蚀速率及其选择比的影响[13]

接触孔变形是一种常见的刻蚀问题。接触孔畸变减小了接触孔与下面金属硅化物的接触面积，接触电阻增大，并且不利于后续接触孔的金属填充。接触孔畸变主要是由于在刻蚀过程中聚合物对孔的侧壁沉积不均匀导致的，掩模材料和刻

蚀工艺两方面都会对其有重要影响。以 C_4F_8、C_4F_6、O_2、Ar 为刻蚀气体进行氧化硅接触孔刻蚀，刻蚀深度越深，接触孔完整度越差；以硅元素为主的掩模层，相对以碳元素为主的掩模层，刻蚀的接触孔的完整度更好。掩模材料和刻蚀深宽比对孔形貌的影响见表 3.1。

表 3.1   掩模材料和刻蚀深宽比对孔形貌影响[14]

掩模材料	非晶硅		非晶碳	
深宽比	13	15	13	15
圆完整度	94%	82%	72%	53%
顶视图				

刻蚀气体同样可以影响接触孔畸变。以 C_4F_6 或 C_4F_8 为基础刻蚀气体，另外还加入 O_2、Ar 为调节气体，与 C_4F_6 刻蚀相比，C_4F_8 刻蚀接触孔的圆完整度更好，这是因为 C_4F_6 相对 C_4F_8 电离出的含碳自由基的比例较大，导致其相对产生较多的聚合物，较多的聚合物沉积到接触孔的侧壁或顶部，加之聚合物的沉积不均匀，会导致孔的形貌畸变。以非晶硅为掩模，深宽比为 20，使用 C_4F_8 基主刻蚀气体，C_4F_8 或 C_4F_6 为过刻蚀气体，刻蚀后圆完整度对比见表 3.2。

表 3.2   以非晶硅为掩模，深宽比为 20，使用 C_4F_8 基主刻蚀气体，C_4F_8 或 C_4F_6 为过刻蚀气体，刻蚀后圆完整度对比[14]

主刻蚀气体	C_4F_8			
过刻蚀一气体	C_4F_6	C_4F_6	C_4F_8	C_4F_8
过刻蚀二气体		C_4F_8	C_4F_6	
圆完整度	80%	81%	82%	86%
顶视图				

为减少或清除聚合物，在接触孔刻蚀过程中增加一步氧气灰化，氧气将聚合物减薄或去除，然后再继续刻蚀接触孔，所得孔圆完整度形貌较好。以 C_4F_8 为主刻蚀气体，以 C_4F_6 为过刻蚀气体，过刻蚀步骤中有无聚合物去除步骤接触孔畸变的比较见表 3.3。

表 3.3　以 C_4F_8 为主刻蚀气体，以 C_4F_6 为过刻蚀气体，过刻蚀步骤中有无聚合物去除步骤接触孔畸变的比较[14]

主刻蚀气体	C_4F_8			
过刻蚀一气体	C_4F_6	C_4F_6	C_4F_6	C_4F_6
聚合物去除步骤	跳过	O_2	O_2	
过刻蚀二气体		跳过	C_4F_6	
顶视图（带聚合物）				
孔底部畸变图				
圆完整度			87%	80%

2. 通孔刻蚀

通孔刻蚀前后膜层结构示意图如图 3.20 所示，最上层为带孔图形的光刻胶层，光刻胶下层为底部抗反射层，然后是硬掩模层，接着往下是介质层，介质层下方是刻蚀停止层。

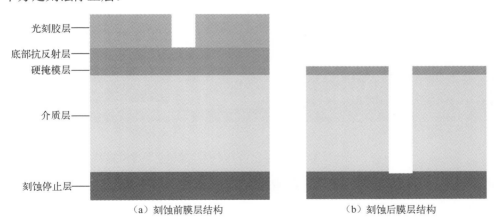

光刻胶层

底部抗反射层

硬掩模层

介质层

刻蚀停止层

（a）刻蚀前膜层结构　　　　　　（b）刻蚀后膜层结构

图 3.20　通孔刻蚀前后膜层结构示意图

刻蚀过程包括底部抗反射层刻蚀、硬掩模层刻蚀、介质层刻蚀和灰化去胶。底部抗反射层刻蚀主要使用的气体是 CHF_3、CF_4、O_2、HBr 等。硬掩模层刻蚀主

要使用的气体是 CF_4 和 CHF_3；介质层刻蚀使用碳氟化合物，如 C_3F_8、C_4F_8、C_4F_6、C_2F_6 中的一种或组合；灰化去胶主要使用 O_2[15]。

在刻蚀底部抗反射层时，可以增大气体中碳比例或碳氢元素比例，来增大光刻胶的选择比。此外，改变气体中的碳氟元素比例还可以调节孔径大小。

影响通孔刻蚀圆完整度的主要因素是刻蚀生成聚合物沉积的均匀度。通过控制刻蚀气体中的碳氟元素比例，可以控制生成聚合物的量。一般碳氟原子比例比较大时，刻蚀速率较慢，产生的聚合物较多，容易导致聚合物堆积，可能导致孔变形或刻蚀停止；碳氟原子比例比较小时，刻蚀速率较快，对光刻胶的选择比较小，导致光刻胶刻蚀较快，造成孔顶部损伤，此外，产生聚合物较少，可能导致孔侧壁弓形形貌异常。

3．介质沟槽刻蚀

介质沟槽刻蚀的物理、化学机制和前面介绍的介质孔刻蚀相似，主要仍为含氟气体电离后与介质层发生化学反应，生成气态氟化物抽离腔室。刻蚀期间的聚合物主要是通过碳氟原子比例进行控制，聚合物对沟槽的侧壁角度和沟槽线粗糙度都有显著影响。一般聚合物较少时，刻蚀介质沟槽侧壁较直，线粗糙度较好；聚合物较多时，刻蚀介质沟槽侧壁较斜，线粗糙度较差。偏置功率对侧壁角度的影响与接触孔相似，偏置功率越高，离子垂直轰击越强，刻蚀出的沟槽侧壁角度越大。不同偏置功率条件下的氧化硅沟槽刻蚀侧壁形貌如图 3.21 所示。

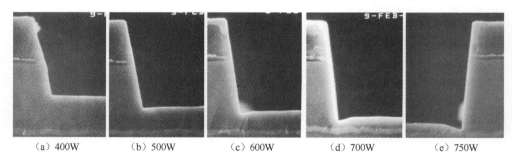

| （a）400W | （b）500W | （c）600W | （d）700W | （e）750W |

图 3.21　不同偏置功率条件下的氧化硅沟槽刻蚀侧壁形貌[13]

此外，介质刻蚀中还会加一些惰性气体，如 Ar 和 He 等；Ar 分子量较大，可以促进等离子体的电离和垂直轰击能力；He 一般起到稀释作用，可用于均匀性调节。

后道工艺的最上层为钝化层，其主要成分是介电材料氧化硅和氮化硅，用于保护集成电路器件结构。钝化层孔和槽的刻蚀尺寸较大，刻蚀过程与其下面的各层介质沟槽或介质孔的刻蚀类似，都是使用氟基气体为主刻蚀气体，其中加入一些 Ar 或 He 进行调节。

3.3.2　钨栓和钨栅极刻蚀

接触孔制备完成后，沉积一层 TiN，然后再进行钨沉积。TiN 的作用主要为增加钨沉积的黏附性以及防止钨和金属间的电迁移。钨沉积完后的高度高于介质孔，刻蚀清除表面的钨，即为钨的回刻技术。

钨栓刻蚀即为接触孔上层的钨回刻（Etch Back）工艺，其刻蚀前和刻蚀后膜层结构示意图如图 3.22 所示。钨的回刻蚀主要分为两个过程，分别是主刻蚀和过刻蚀。过刻蚀一般也会分成两步，"过刻蚀一"和"过刻蚀二"。主刻蚀的主要要求为，在保证均匀性满足要求的条件下，刻蚀速率越快越好。主刻蚀完成后，进行第一步过刻蚀"过刻蚀一"，主要作用是刻蚀表面剩余的钨，刻蚀露出 TiN 膜层后，刻蚀腔室等离子体环境改变，通过光学发射光谱法，自动抓取刻蚀终点；接着进行第二步过刻蚀"过刻蚀二"，主要作用是刻蚀 TiN 表面残留的钨以及清除孔顶部表面的聚合物。

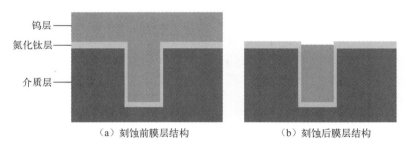

（a）刻蚀前膜层结构　　　　　　（b）刻蚀后膜层结构

图 3.22　钨栓刻蚀前和刻蚀后膜层结构示意图

钨回刻用的刻蚀气体是 SF_6、Ar、O_2、N_2，主刻蚀使用较大的源功率，增加离子的电离，可以增大刻蚀速率，使用较大的流量，可以快速更替等离子体生成物，同样可以增大刻蚀速率。钨刻蚀是物理和化学反应的组合。SF_6 为钨刻蚀的主刻蚀气体，其电离产生的含氟自由基与钨反应，生成气态化合物，抽离腔室；同时，大量的氩气电离后，在腔室低压环境里具有较长的平均自由程，获得较大的轰击能量，对刻蚀表面进行轰击，加大了表面的刻蚀速率。少量的 O_2 与 SF_6 电离的硫离子结合，一方面促进 SF_6 的电离；另一方面减少腔室内硫离子的相对含量，增加 F 离子的相对含量，促进刻蚀，增大钨的刻蚀速率。但随着 O_2 流量的升高，更多的氧离子达到钨表面，阻碍了氟离子与钨的反应，导致刻蚀速率减小，即随着 O_2 流量的增加，钨的刻蚀速率先增大后减小。N_2 的作用与 O_2 的作用相似，但其效果弱于 O_2。

$$W + F^- \longrightarrow WF_6(g) \tag{3-2}$$

$$S^+ + O^- \longrightarrow SO_2(g) \tag{3-3}$$

在过刻蚀的第一步，相对主刻蚀的刻蚀需求发生转变，随之一些工艺参数需要进行调整。此步仍然以刻钨为主，但还需兼顾保护表面的 TiN，一般会减小源功率和偏置功率。为了减小等离子体的密度和减少等离子体对刻蚀表面的物理轰击，减小总流量的同时一般会增大氮气的流量，目的是增加 TiN 的刻蚀选择比，减少 TiN 的损伤。此步刻蚀的过程中，随着钨表面的逐渐耗尽，腔室环境发生变化，使用光学检测软件设置一定的规则，根据环境变化，软件自动抓取本步刻蚀终点，结束本步刻蚀。

在过刻蚀的第二步，仍然是在保护 TiN 的同时对其表面残留的钨或一些反应副产物进行清除，相对于过刻蚀第一步，主要是减小偏置功率的同时增大压力。在较小的偏置功率下，离子的加速度较小，增大压力，离子的平均自由程减小，进一步降低了等离子体对刻蚀表面的轰击，这样既可清除表面残留物，同时又几乎不会对 TiN 造成损伤。

钨刻蚀技术的主要难点集中在刻蚀速率的均匀性和表面粗糙度的控制。

刻蚀速率的均匀性一般可以通过刻蚀机台的一些均匀性调节措施，改变不同位置的等离子体密度或者不同位置的反应温度来调节。例如，通过调节起辉电源通电线圈的内外圈电流比来控制等离子体的分布，通过调节静电卡盘的温度分布来控制不同位置的刻蚀速率。

表面粗糙度一般通过刻蚀气体和功率搭配调节。通常情况下，刻蚀速率较快时，物理和化学反应都比较快，在刻蚀表面生成物的抽离速率与反应达不到平衡，如一方面快速进行刻蚀反应，另一方刻蚀生成物堆积沉积到表面，导致表面粗糙；或者由于部分较难刻蚀成分或结构起到掩模效应，导致刻蚀后一些位置刻蚀较少，形成凸起结构或草状表面。根据不同表面粗糙的形成机理，调节方式不同。如果是由于部分成分做掩模导致的凸起结构或草状结构，则需通过在刻蚀早期增加轰击和减小刻蚀气体中的对应化学刻蚀性气体比例，这样减小对异物的刻蚀选择比，主要靠轰击的方式将表面异常成分去除。如果 TiN 表面出现一些聚合物的沉积，造成斑点或凸起的异常形貌，则需要在刻蚀后期，增大化学性刻蚀气体（SF_6）比例，减小聚合物生成性气体（O_2 或 N_2）的比例。

Allen 等人[16]使用 SF_6 和 N_2 为刻蚀气体，研究了钨回刻蚀的工艺参数对钨和 TiN 刻蚀速率以及刻蚀后 TiN 表面粗糙度的影响，见表 3.4。

表 3.4 使用 SF_6 和 N_2 为刻蚀气体，钨回刻蚀的工艺参数对钨和 TiN 刻蚀速率以及刻蚀后 TiN 表面粗糙度的影响[16]

参数	TiN 刻蚀速率	W 刻蚀速率	TiN 表面粗糙度	W/TiN 刻蚀选择比
源功率 ↑	↑	↑	↓	↑
偏置功率 ↑	↑	↑	↓	↑
SF_6/N_2 ↑	↓	↑	↓	↑
总气体流量 ↑	↑	↑	—	↑

根据集成电路工艺整合要求，对钨栓回刻后的形貌有一些不同的要求。如要求将钨下表面的 TiN 刻蚀干净，一般刻蚀气体中会加入一些 Cl_2。Cl_2 的主要作用是配合 SF_6 的使用，调剂钨和 TiN 的刻蚀选择比。其原理是氟离子易与钨反应，不易于与 TiN 反应，氯离子易于与 TiN 反应不易于与氟反应，所以通过控制二者的比例可以很好地控制钨和 TiN 的刻蚀选择比。

此外，一些先进工艺中，钨作为金属栅极材料，填充到沟槽内进行钨回刻，要求严格控制钨的刻蚀深度，以及其相对其侧壁 TiN 的高度。这种情况下，为了减小不同沟槽内之间的刻蚀深度负载效应，一般会对刻蚀工艺步骤进行优化，采用多步循环刻蚀或先进偏置功率脉冲模式刻蚀。

多步循环刻蚀方法主要用于刻蚀沟槽内的钨。为减少介质层掩模损失，首先进行一次沉积，在介质层表面形成保护层；然后使用 Cl_2 刻蚀沟槽内钨侧壁的 TiN；接着再进行一次介质层沉积保护；最后使用以 SF_6 为主的刻蚀气体刻蚀。如此，沉积保护→氮化钛刻蚀→沉积保护→钨刻蚀 4 步为一个刻蚀过程，以这 4 步为基础可以进行多次循环，并通过调节各步的时间或其他工艺参数，精准控制刻蚀形貌，刻蚀均匀性较好。

3.3.3 铝线刻蚀和铝垫刻蚀

存储器集成电路和 0.13μm 以上的逻辑集成电路的后道工艺互连仍然广泛使用铝材料[5]。其相对于使用铜来说，使用铝的最大优势为可以使用干法进行刻蚀，工艺简单，并且能精准控制形貌。根据刻蚀目标区域的形貌要求，铝刻蚀主要分为铝线刻蚀和铝垫刻蚀。铝线刻蚀后，目标区域为一条条较细铝线。铝垫刻蚀后，目标区域为铝垫或尺寸较大线沟槽与铝垫组合。

1. 铝线刻蚀

常规工艺铝线刻蚀前和刻蚀后膜层结构如图 3.23 所示。硬掩模层一方面作为掩模层保护横向尺寸损失；另一方面作为介质底部抗反射层消除光的干涉，减少光刻损伤。铝层上下都有一层较薄的 TiN 层，主要用于 TiN 利于镀膜黏附性以及减少金属铝与介质的电迁移。

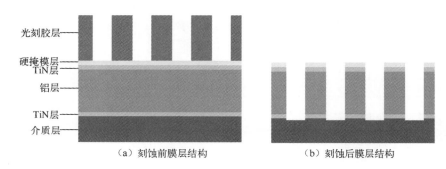

光刻胶层
硬掩模层
TiN层
铝层
TiN层
介质层

（a）刻蚀前膜层结构　　　　　　　　（b）刻蚀后膜层结构

图 3.23　常规工艺铝线刻蚀前和刻蚀后膜层结构示意图

特征尺寸进一步缩小时，光刻胶厚度需进一步减薄，在这种情况下通常会加一层有机底部抗反射层，一方面减少光刻时的反射，另一方面在等离子体刻蚀时便于调试尺寸及均匀性。这种先进工艺铝线刻蚀前和刻蚀后膜层结构如图 3.24 所示。

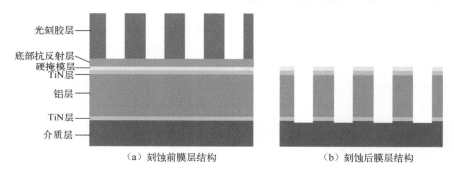

光刻胶层
底部抗反射层
硬掩模层
TiN层
铝层
TiN层
介质层

（a）刻蚀前膜层结构　　　　　　　　（b）刻蚀后膜层结构

图 3.24　先进工艺铝线刻蚀前和刻蚀后膜层结构示意图

以图 3.24 所示的刻蚀膜层为例，刻蚀过程主要分为 5 步：

（1）底部抗反射层（BARC）的刻蚀。使用的刻蚀气体是 Cl_2 和 O_2，比例约为 4:1，通过控制 O_2 的流量可以很好地控制刻蚀后的铝线尺寸。

（2）硬掩模层和 TiN 层的刻蚀（BT）。使用的刻蚀气体为 BCl_3 和 Cl_2，一步工艺连续刻蚀这两层材料。刻蚀 TiN 后，刻蚀气体接触到底部的铝，对铝仍有较强的刻蚀效果。为防止铝上部侧掏底切（Undercut）形貌异常，此步刻蚀的特征是使 BCl_3 流量大于 Cl_2 流量，加载较大的偏置功率，主要靠[BCl_2]自由基轰击硬掩模层和 TiN 进行刻蚀；较大的轰击能量还可将掩模的光刻胶轰击出一些含碳、氢的聚合物，这些聚合物一定程度上保护了铝顶部侧壁。

（3）铝主刻蚀（ME）。使用的刻蚀气体为 BCl_3、Cl_2、N_2、CH_4。铝刻蚀主要为化学刻蚀，在一定的源功率下，偏置功率的改变对纵向刻蚀速率影响较小，但偏置功率增大，可将光刻胶掩模轰击出更多的含碳、氢的聚合物，这些聚合物覆盖在铝的侧壁，对侧壁进行保护，刻蚀出的侧壁角度较小。

$$Al + [Cl]^- \longrightarrow AlCl_3(g) \tag{3-4}$$

$$Al + N_2 \longrightarrow AlN \tag{3-5}$$

在偏置功率一定的条件下，源功率对刻蚀形貌的影响较小，且与气体组成有一定的关系。当刻蚀气体中有较多比例的沉积聚合物气体时，如 BCl_3、N_2、CH_4，增大源功率，一般会使电离出的沉积性等离子体增多，刻蚀的侧壁角度会略小；当刻蚀气体中 Cl_2 较多时，增大源功率后，会电离出较多的氯离子，刻蚀过程中铝侧壁保护较小，刻蚀的侧壁角度略大。一般使用 BCl_3 和 Cl_2 的比例配置原则是刻蚀最快原则，在二者总流量一定的条件下，BCl_3 和 Cl_2 比例接近 1:1.5 时刻蚀较快，在此比例下再通过少量的 N_2 或 CH_4 进行形貌调节。

N_2 和 CH_4 作为辅助调节气体，一般情况下只使用其中的一种即可。N_2 电离后与铝反应生成致密的氮化铝保护层，一般厚度较小。如果 N_2 与铝侧壁反应较均匀，则侧壁较光滑，反之则侧壁较粗糙。CH_4 电离后与铝反应，形成较厚的碳氢金属聚合物，对铝的侧壁进行保护，聚合物一般覆盖较多，较均匀，侧壁相对光滑。与 CH_4 相比，在同等流量条件下，N_2 对铝侧壁的保护效果弱于 CH_4，N_2 流量增加到 CH_4 流量的 2～2.5 倍时，二者的保护效果几乎相同。

主刻蚀过程中使用光学发射光谱法对腔室环境进行监测，根据腔室环境判断是否满足终点结束要求。刻蚀图形区有密集区（Dense）和孤立区（ISO）。铝刻蚀过程中，同等晶圆尺寸上，密集区底表面和侧壁表面的面积之和较孤立区大，在刻蚀过程中一部分等离子体作用于侧壁，导致密集区相对孤立区作用于底表面的等离子体较少，使得密集区刻蚀速率较慢，同时密集区刻蚀反应产物抽离速率相对于孤立区较慢，进一步导致其刻蚀速率减慢。当孤立区刻蚀到铝的底部时，腔室内的铝自由基开始减少，继续刻蚀后，密集区也逐渐开始刻蚀到铝底部，此时，腔室内铝的自由基继续减少，结束此步刻蚀。

（4）过刻蚀第一步（OE1）。此步的工艺参数与 ME 步基本相同，主要作用是刻蚀残留的铝以及下层的 TiN。刻蚀时间一般为 ME 刻蚀时间的 30%～60%。密集区的深宽比较小时，密集区与孤立区的刻蚀深度负载较小，OE1 的过刻百分比可以适当减小；当密集区的深宽比较大时，密集区与孤立区的刻蚀深度负载较大，OE1 的过刻百分比需要适当增大，否则无法将密集区的铝和 TiN 完全刻蚀干净。

（5）过刻蚀第二步（OE2）。此步的作用是刻蚀 TiN 下层的氧化硅，使氧化硅过刻蚀一定的深度，起到铝线之间完全隔绝的作用。OE2 步使用的刻蚀气体为 BCl_3 和 Cl_2，其中 BCl_3 比例较大，与 BT 步刻蚀原理相似，都是依靠较大的偏置功率，对大量的[BCl_2]离子进行加速，轰击介质层刻蚀。

铝线刻蚀的主要难点或常见的问题是铝上部侧掏底切（Undercut）、铝底部侧掏（Notch）、铝过刻蚀暴露的氧化硅表面粗糙（Roughness）、边像位置和中心位置的均匀性（Uniformity）。

由于在 Cl_2 环境里铝刻蚀相对 TiN 刻蚀较快，所以如果在铝刻蚀过程中形成的侧部聚合物较少，保护不足，铝顶部相对其上层硬掩模横向刻蚀较多，导致上部侧掏底切形貌异常。此外，即使铝刻蚀侧壁保护较充足，但其上面的 BT 刻蚀步骤使用的 Cl_2 较多，且其对铝过刻蚀较多时，仍然可能会导致上部侧掏底切形貌异常。根据上部侧掏底切形貌异常的形成原因，有不同优化方案。如果是 ME 步侧部保护不足导致的，可适当增加侧壁保护性气体比例，如增加 BCl_3、N_2 或 CH_4 流量；如果是 BT 步 Cl_2 较多且过刻蚀较多导致的，可适当减小 BT 步 Cl_2 流量和减小 BT 步过刻蚀量。

铝底部侧掏形貌异常是由于 OE1 步刻蚀保护性气体较少，以及 OE1 刻蚀时间较长。OE1 同 ME 相似，其偏置功率仍然较低，仍以化学刻蚀为主，其对下层的介质层选择比较高，当刻蚀完 TiN 膜层时，较多的等离子体聚集在沟槽底部，如果 Cl_2 较多可导致铝在底部横向刻蚀，造成底部侧掏形貌异常。优化底部侧掏形貌异常的方案主要是增加 OE1 步的侧部保护性气体比例，如增加 BCl_3、N_2 或 CH_4 流量。

铝过刻蚀暴露的氧化硅表面粗糙主要是由于其上层的 TiN 在 OE1 步没有完全被刻蚀干净，在 OE2 步中残余的 TiN 以"掩模"的形式阻碍其下面的介质刻蚀，最终导致刻蚀后介质层表面粗糙。优化方案主要是增加 OE1 步的刻蚀时间，使 TiN 完全刻蚀，消除其"掩模"效应，或在 OE2 步使用较大的偏置功率。这种情况下，即使 TiN 在 OE1 刻蚀后有少量残留，在 OE2 较大的偏置功率下，物理轰击较大，同样可将残留的 TiN 刻蚀干净，最终得到铝过刻蚀暴露的氧化硅表面光滑的形貌。

晶圆在刻蚀工艺过程中会产生大量的副产物，尤其是金属刻蚀。刻蚀产生的副产物如不能被及时抽出腔室，将会以聚合物的形式沉积到侧壁阻碍刻蚀。晶圆的边缘位置相对中间位置，刻蚀副产物更易被抽离，导致边缘相对中心刻蚀较快，形貌较直。中心与边缘的均匀性调节方式主要依靠刻蚀机台的硬件设计所提供的条件方式，如气体进腔室时中心与边缘的气体分配设计、源功率起辉通电线圈的内外圈结构设计、晶圆下面的静电卡盘不同位置的控温设计等，通过这些硬件设计使工艺调试具有更多的调试能力。此外，在保证形貌的同时，朝着聚合物减小的方向调试气体配置，可以优化均匀性，如增大 Cl_2 流量，减小 BCl_3、N_2 或 CH_4 流量。

2. 铝垫刻蚀

铝垫一般较厚，基本上在 1μm 以上，甚至达到 6μm，其上层的光刻胶厚度一般为铝厚度的 1～1.5 倍，尺寸较大，刻蚀较简单。铝垫刻蚀前和刻蚀后膜层结构示意图如图 3.25 所示。

铝垫刻蚀的气体与铝线刻蚀的基本相同，仍然以 BCl_3 和 Cl_2 为主。由于上层光刻胶掩模较厚，在较大的偏置功率调节下，可以轰击出较多的聚合物覆盖在铝垫侧壁对其进行保护，所以通常不加额外保护气体 CH_4 或 N_2，但如果对侧壁角度有特别要求，会加些 CH_4 作为聚合物生成气体。

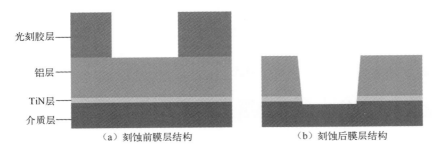

（a）刻蚀前膜层结构　　　　　　（b）刻蚀后膜层结构

图 3.25　铝垫刻蚀前和刻蚀后膜层示意图

铝垫刻蚀主要分为硬掩模打开步（BT）、主刻蚀步（ME）、过刻蚀第一步（OE1）、过刻蚀第二步（OE2）。各刻蚀步骤和工艺参数有一些差异。各步的源功率和气体总流量和工艺压力都增大。

$$Al_2O_3 + \left[BCl_2\right]^+ \longrightarrow AlCl_3\,(g) + BOCl\,(g) \tag{3-6}$$

$$Al + \left[Cl\right]^- \longrightarrow AlCl_3\,(g) \tag{3-7}$$

由于光刻胶和铝之间没有保护膜层，所以暴露出的铝在大气中会被自然氧化，表面生成一层致密的氧化铝。刻蚀的第一步需要刻蚀打开表面的氧化铝膜层，其为硬掩模打开步（BT）。此步使用较大的偏置功率和较大比例的 BCl_3 进行刻蚀，使[BCl_2]获得较大的加速度，对表层自然氧化层（Al_2O_3）轰击刻蚀。

接下来，进入主刻蚀步（ME），主要进行铝刻蚀，主要要求是刻蚀速率快。由于铝刻蚀以化学性刻蚀为主，所以增大工艺压力，等离子体密度增大，刻蚀速率增大；增大刻蚀气体总流量，可以快速将反应生成物抽离，减小反应生成物的比例，刻蚀速率增大；增大源功率可以电离出更多的等离子体，增大等离子体密度，同样可增大刻蚀速率。

过刻蚀第一步（OE1）的工艺参数基本和主刻蚀步的相同，主要作用是刻蚀残留的铝及其下部的 TiN 层。

相对主刻蚀，过刻蚀第二步（OE2）增大偏置功率和 BCl_3 流量比例，增加轰击能力，对下层的氧化硅进行轰击刻蚀。

铝垫刻蚀常见的问题主要为铝侧壁粗糙（Sidewall Roughness）和刻蚀后底部草状（Bottom Grass）形貌异常。

刻蚀后铝侧壁粗糙主要是由于侧壁聚合物去除不干净或刻蚀过程中聚合堆积不均匀导致的。主要优化方案是调节侧壁聚合物生成环境或减少聚合物的生成，如刻蚀过程中加入 He 进行稀释，或增大 Cl_2 流量。造成底部草状异常形貌的原因多为上部氧化铝没刻蚀干净，在铝刻蚀过程中起到掩模保护的作用。解决方法一般是增加 BT 步刻蚀强度和时间，将表面铝的自然氧化层完全刻蚀干净。

Wang 等人[17]对比了铝垫刻蚀时，N_2、CHF_3 和 CH_4 等不同气体作为侧壁保护气体对侧壁形貌、缺陷和腐蚀缺陷的影响，结果显示使用 N_2 和 CHF_3 时，刻蚀侧壁较为粗糙，形成的缺陷数量较多，并且易产生腐蚀缺陷；使用 CH_4 时，刻蚀形貌较好，缺陷和腐蚀较少，见表 3.5[17]。

表 3.5　N_2、CHF_3 和 CH_4 对铝垫刻蚀的影响对比[17]

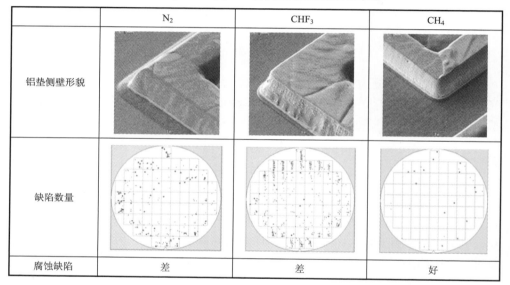

	N_2	CHF_3	CH_4
铝垫侧壁形貌			
缺陷数量			
腐蚀缺陷	差	差	好

3.3.4　氮化钛刻蚀

随着器件特征尺寸的不断缩小，沟槽的深宽比越来越大，对硬掩模材料提出了更高的要求。传统的双大马士革工艺采用氮化硅（TiN）或氧化层掩模，由于和低 κ 介质层之间的选择比不高，会导致刻蚀后出现低 κ 介质层顶部圆弧状轮廓以及沟槽宽度扩大，导致完成的金属线之间的间距过小，容易发生金属连线之间的桥接漏电，影响器件性能。因此，传统硬掩模已经无法满足在沟槽刻蚀的同时保护沟槽之间低 κ 介质的要求，为此引入了将 TiN 作为介质刻蚀硬掩模材料的工艺。TiN 刻蚀工艺前和刻蚀后膜层结构示意图如图 3.26 所示。

由于尺寸较小以及各膜层厚度较小，需要对刻蚀反应进行精确控制，所以，刻蚀速率相对大尺寸刻蚀要慢很多，易于控制和调试工艺。TiN 刻蚀过程主要由四步组成，依次是底部抗反射层刻蚀、硬掩模层刻蚀、TiN 层刻蚀、灰化去胶。

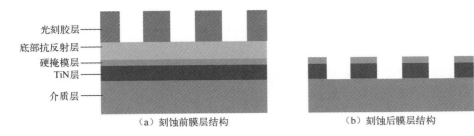

图 3.26　TiN 刻蚀前和刻蚀后膜层结构示意图

底部抗反射层刻蚀使用的气体是 Cl_2 和 O_2，Cl_2 与 O_2 的比例约为 6:1，使用较小的气体流量和较小的压力以及较小的偏置功率对有机底部抗反射层进行刻蚀。此步刻蚀对 TiN 沟槽的横向尺寸影响较大，通过调节过刻蚀时间以及 O_2 的比例可以对横向尺寸和均匀性进行控制。

硬掩模刻蚀使用的气体是 CF_4 和 CHF_3。此步刻蚀介质膜层较薄，对 TiN 形貌影响较小，但是要保证介质层完全刻蚀，否则介质残留会在 TiN 刻蚀时起到掩模作用，造成刻蚀后表面粗糙。

TiN 刻蚀使用的气体是 Cl_2 和 CH_4。此步刻蚀以化学刻蚀为主，使用 Cl_2 为主要刻蚀气体，CH_4 为聚合物生成性气体，二者进行比例调节可以控制 TiN 侧壁角度。一般 Cl_2 比例增大，可以刻蚀出侧壁较直的形貌；增大 CH_4 流量，可以增加 TiN 侧壁保护，可刻蚀出侧壁角度较小的形貌。

$$[Cl]^- + TiN \longrightarrow TiCl_4(g) \tag{3-8}$$

TiN 刻蚀之后一般会在原腔室进行干法去胶。去胶工艺中，仅使用源功率电离氧气，使用氧离子去除残留的光刻胶和有机底部抗反射层。

TiN 刻蚀形貌要求是侧壁垂直，顶部无圆弧，底部无底角。为调试出满足要求的形貌，Zhang 等人[18]做了一组实验，总结了 TiN 刻蚀步骤中工艺参数对形貌的影响趋势，见表 3.6。

表 3.6　TiN 刻蚀步骤中工艺参数对形貌的影响趋势[18]

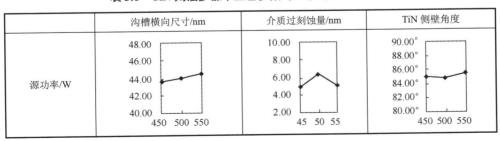

续表

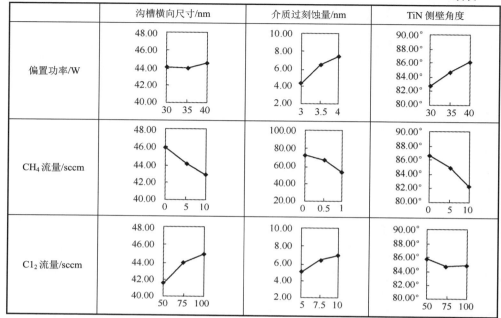

3.3.5 干法去胶及钝化

一般金属刻蚀后会进行一步干法去胶工艺，尤其是铝刻蚀后必须在没有暴露于大气之前进行干法去胶。这是由于铝刻蚀后表面光刻胶以及铝侧壁的聚合物内含有刻蚀残留的氯元素，如果暴露于大气，这些氯元素会和大气中的水蒸气结合生成酸性化合物，对铝进行腐蚀。

$$[Cl]^- + H_2O \longrightarrow OH^- + HCl \qquad (3\text{-}9)$$

$$HCl + Al \longrightarrow AlCl_3 + H_2 \qquad (3\text{-}10)$$

一般金属刻蚀机的刻蚀腔室会搭配去胶腔室，晶圆在刻蚀腔刻蚀完之后，在真空传输平台上直接传送至去胶腔进行去胶和钝化。

去胶腔较为简单，只有三路气体，分别是氧气、氮气和水蒸气。起辉电源一般仅有源微波电源，无偏置电源。去胶工艺的特征是晶圆卡盘温度较高，一般在 250～300℃，光刻胶或刻蚀副产物在高温下更易与等离子体反应，抽离腔室。

一般去胶工艺由三个步骤组成，第一步是晶圆加热，第二步是钝化，第三步是去胶。

晶圆加热是为了减少晶圆温度骤变引起的应力损伤。由于晶圆传进去胶腔时，晶圆温度约为 30℃，而晶圆卡盘温度约为 300℃，两者存在较大的温差，如果将晶圆直接放到较高温度的晶圆卡盘上，有可能因热应力较大而发生移动或损坏晶圆内部器件结构，所以一般会使用顶针顶着晶圆在卡盘上方加热一段时间后再放到卡盘里。为使晶圆快速且均匀加热，此步使用较大的压力和较大流量的氧气吹扫。

钝化是在较高的压力下，微波电源将较大流量的水蒸气电离，生成氧离子和氢离子：氧离子与铝反应生成致密氧化铝层，保护铝表面；氢离子与晶圆表面残留氯离子结合生成气态化合物，然后被抽离腔室。

$$[O]^- + Al \longrightarrow Al_2O_3 \tag{3-11}$$

$$[H]^+ + [Cl]^- \longrightarrow HCl(g) \tag{3-12}$$

去胶使用的气体为氧气和氮气，二者比例约为 10:1。去胶的主要作用是去除残留的光刻胶和一些碳氢聚合物。

为加强去除残胶和反应聚合物，以及减少铝腐蚀，增加表面钝化，在工艺过程中可以对上述的钝化步骤和去胶步骤进行多次循环。

参 考 文 献

[1] 张汝京，季明华，卢炯平，等. 纳米集成电路制造工艺[M]. 北京：清华大学出版社，2014.

[2] 张亚非. 半导体集成电路制造技术[M]. 北京：高等教育出版社，2006.

[3] 赞特. 芯片制造：半导体工艺制程使用教程[M]. 4 版. 赵数武，朱践知，于世恩，等译. 北京：电子工业出版社，2007.

[4] Banna S, Agarwal A, Cunge G, et al. Pulsed high-density plasma for advanced dry etching process [J]. Journal of Vacuum Science and Technology A, 2012, 30(4):1-29.

[5] 张海洋，张城龙，袁光杰，等. 等离子体刻蚀及其在大规模集成电路制造中的应用[M]. 北京：清华大学出版社，2018.

[6] Semiconductor Industry Association, The international technology roadmap for semiconductors, 2009th ed. Austin, TX, USA: International SEMATECH, 2009.

[7] Eriguchi K, Matsuda A, Nakakubo Y, et al. Effects of plasma-induced Si recess structure on n-MOSFET performance degradation[J]. IEEE electron

device letters, 2009, 30(7): 712-714.

[8] Dharmarajan E, Song S, Mclaughlin L, et al. Spacer etch optimization on high density memory products to eliminate core leakage failures[C]//2007 International Symposium on Semiconductor Manufacturing. IEEE, 2007: 1-4.

[9] 温德通. 集成电路制造工艺与工程应用[M]. 北京：机械工业出版社，2018.

[10] 吴敏，杨渝书，李程. 接触孔的刻蚀方法[P]. CN103400799A，2013.

[11] Wang X P, Huang J Y, Huang Y , et al. Dry etching solutions to contact etch for advanced logic technologies[C]// China Semiconductor Technology International Conference. 2013:343-348.

[12] Samukawa S, Mukai T. High-performance silicon dioxide etching for less than 0.1-μm-high-aspect contact holes[J]. Journal of vacuum science & technology. B, Microelectronics and nanometer structures: processing, measurement, and phenomena: an official journal of the American Vacuum Society, 2000, 18(1):166-171.

[13] Westerheim, A. C. Substrate bias effects in high‐aspect‐ratio SiO_2 contact etching using an inductively coupled plasma reactor[J]. Journal of Vacuum Science & Technology A Vacuum Surfaces & Films, 1995, 13(3):853-858.

[14] Kim J K, Lee S H, Cho S I , et al. Study on contact distortion during high aspect ratio contact SiO2 etching[J]. Journal of Vacuum Science & Technology A Vacuum Surfaces & Films, 2014, 33(2):021303.

[15] 张海洋，陈海华，黄怡，等. 通孔刻蚀方法[P]. CN101728260A，2010.

[16] Allen L R, Grant J M. Tungsten plug etch back and substrate damage measured by atomic force microscopy[J]. Journal of vacuum science & technology B, 1995, 13(3):918-922.

[17] Wang X, Zhang H, Shen M, et al. influence of polymeric gas on sidewall profile and defect performance of aluminum metal etch[J]. ECS Transactions, 2009, 18(1): 641.

[18] Zhang L, Gai C, Ren H, et al. 28nm Metal Hard Mask etch process development[C]//2015 China Semiconductor Technology International Conference. IEEE, 2015: 1-5.

第4章

集成电路封装中的等离子体刻蚀工艺

集成电路制造完成后需要进行相应的封装，才能满足实际应用。封装的主要功能包括为芯片提供电源供应路径，实现芯片信号分配，为芯片提供良好的散热，为芯片提供保护，等等。随着芯片制造技术发展，芯片封装密度及功能需求增加，传统封装已无法满足要求，先进封装已成为当前封装技术的主流。目前先进封装技术发展呈现三个趋势：一是从二维向三维方向发展，二是从单一芯片封装向多种芯片系统级封装发展，三是从后道封装厂向前道芯片制造厂发展。先进封装发展迅猛，封装类型也复杂多样，可以简单分为晶圆级芯片尺寸封装（WLCSP）、扇出型（Fan-out）封装、2.5 维封装、三维封装等。实现以上封装技术的主要工艺包括凸点工艺、再布线层工艺、硅通孔工艺、键合及解键合工艺、再造晶圆工艺等。以上工艺技术的实现离不开等离子体刻蚀工艺，需要广泛应用到等离子体去胶机、等离子体刻蚀机等。因此，我们对先进封装中的等离子体刻蚀工艺进行相应的总结介绍。

4.1 先进封装中的等离子体表面处理

在先进封装领域，如何提高芯片输入/输出的密度是评价封装性能的关键指标。不论是扇出型（Fan-out）封装还是扇入型（Fan-in）封装，再布线层（Redistribution Layer，RDL）技术都是实现高密度输入/输出的关键。在再布线层制造过程中，会多次用到等离子体刻蚀工艺进行表面处理，基本工艺流程如下：

（1）涂布聚酰亚胺（Polyimide，PI），曝光显影，开口处采用等离子体去除残胶。

（2）在晶圆表面溅射一层 Ti/Cu。

（3）涂布光刻胶（Photoresist，PR），曝光显影，开口处采用等离子体去除残胶。

（4）在光刻胶开口处电镀一层 Cu。

（5）去除光刻胶。

（6）湿法去除多余的 Ti/Cu，采用等离子体去除表面残留的 Ti/Cu。

由此可见，在一层 RDL 制造过程中（先进封装中会用到多层 RDL 实现信号的分配）等离子体刻蚀方法可以用来去除残胶、亲水性改善、去除残留金属、提高表面结合力等。下面就对以上工艺进行具体介绍。

4.1.1　去除残胶

在聚酰亚胺或者光刻胶曝光显影后，开口区域会存在一定量的残胶。传统湿法去胶速率较快，各向同性，主要用于整面大量去胶，不适合去除开口内残胶。等离子体刻蚀具有良好的选择性，并且可精确控制刻蚀量，所以现在一般采用等离子体法去除残胶。等离子体法去除残胶的基本原理是利用 O_2 等离子体与光刻胶发生反应生成 CO_2、H_2O 等气态分子，从而达到去除残胶的目的。

相比于集成电路制造中的等离子体去胶机，先进封装中的等离子体去胶设备一般采用远程等离子体源+偏置电极的构造。远程等离子体源以微波源为主，可产生更多的氧自由基，提高与聚合物的反应速率，还可以减小对晶圆表面的损伤。在偏置电极采用射频去除一些孔底副产物或者残留金属时，增加的这个偏置电极可以起到各向异性及物理刻蚀的作用，不需要高温加热即可实现较快的去胶速率。在前道等离子体去胶机中一般没有下射频，晶圆基座采用下加热的方式，通过高温（高于 200℃）来实现更快的去胶速率。在先进封装中一般要求温度不要超过 100℃，基座加热的方式不适合先进封装领域的去胶，所以采用微波源+偏置电极的设计能够兼容更多的去胶工艺，工艺窗口更大，满足多种封装类型的工艺需求。

4.1.2　去除残留金属

在先进封装中，再布线层和凸点（Bump）下面都有一层金属层称为凸点下金属层（Under Ball Metal，UBM），常用的金属为 Ti/Cu。UBM 层的作用一是阻止上层金属原子扩散到下层金属层（主要是芯片的焊盘），二是增强上下两层的黏合作用。一般采用物理气相沉积（PVD）的方法得到 Ti/Cu，而 PVD 是整面溅射金属，在钝化层和焊盘表面都有一层 Ti/Cu，因此需要把钝化层表面多余的 Ti/Cu 去除掉，只留下焊盘表面即再布线层和凸点下的 Ti/Cu。Ti/Cu 主要采用湿法去除，但是湿法去除不彻底，在底层钝化层表面会存在一定量的残留金属，影响钝化层的绝缘性。采用等离子体去胶机可以有效去除 Ti/Cu 腐蚀后残留的金属。其基本原理是采用氩气（Ar）等离子体在下射频作用下，通过物理轰击作用把钝化层表面的金属原子去除掉，从而提高钝化层的绝缘性。

4.1.3　改善润湿性

在先进封装中，再布线层与凸点主要是采用电镀铜的方法来制造的。再布线层与凸点电镀的效果决定着信号输入/输出的稳定性。在电镀前需要进行等离子体处理，提高开口内的亲水性，让电镀液充分进入到开口内，防止气泡产生，避免电镀后形成空洞。等离子体提高亲水性的基本原理：光刻胶的主要成分为碳氢化合物，氧等离子体与聚合物反应，会在表面生成亲水性的羟基（—OH）。此外，在偏置电极的作用下，氧离子的轰击作用会提高表面粗糙度，进一步提高亲水性。

在倒装芯片封装中，为了提高倒装芯片在有机封装板上的可靠性，需要进行底部填充（Underfill）工艺，在芯片与基板之间的缝隙内填充一种密封剂。底部填充工艺可以起到错配硅芯片与有机基板之间的热膨胀系数（Coefficient of Thermal Expansion，CTE）和重新分配热机械应力的作用，进而提升芯片堆叠时的稳定性。底部填充工艺最常用的方法是利用毛细管作用，让填充物自发渗入芯片底部来进行填充。因此底部填充工艺前通常需要对芯片与基板之间的界面进行表面活化，提高表面的润湿性，进而提高填充物的填充效果。底部填充工艺前的表面润湿性改善，需要采用等离子体处理。不同于电镀前润湿性改善，底部填充工艺前处理的表面被芯片遮挡住，需要等离子体进入芯片底部进行处理，这对等离子体密度有较高的要求，如图 4.1 所示。底部填充工艺前的等离子体处理不需要有刻蚀量，通常只需要开启微波源产生更多的氧自由基，通过等离子体扩散来与缝隙内各个面反应，从而对芯片底部区域进行表面处理以提高润湿性。

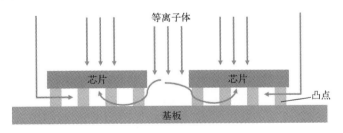

图 4.1　底部填充工艺前等离子体处理

4.1.4　提高表面结合力

在先进封装中涉及很多膜层，如硅、聚酰亚胺、光刻胶、金属（Cu 为主）等。通过等离子体处理可以有效提高两种膜层间的结合力。等离子体处理提高表面结合力的基本原理：一方面是通过表面化学改性，如在膜层表面生成活性基团增强结合力；另一方面则是通过物理轰击提高表面粗糙度，进而提高膜层间的结合力。

4.2 先进封装中的等离子体硅刻蚀

在先进封装中，等离子体硅刻蚀是一个非常重要的应用，涉及硅片整面减薄工艺、硅通孔刻蚀工艺、等离子体切割工艺等。

4.2.1 硅整面减薄工艺

随着封装密度的增大，特别是三维堆叠技术的发展，芯片越来越薄，而绝大多数芯片是硅基的，所以在先进封装中需要对硅片进行减薄。对于硅片减薄而言，厚度均匀性和表面粗糙度的控制是其中的难点，且晶圆尺寸越大，难度越高。虽然化学抛光可以减薄较大厚度的晶圆，但是表面粗糙度较难控制并且存在一定的机械应力，所以硅片在化学抛光减薄到一定程度后，需要再采用等离子体刻蚀的方法减薄以去除应力及减小表面粗糙度等。

传统等离子体整面减薄，只有一步硅刻蚀步，表面粗糙度较差，如图4.2所示。

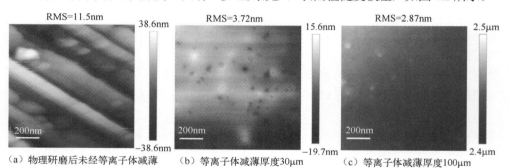

图 4.2　单步硅刻蚀减薄表面粗糙度的原子力显微镜表征结果[1]

董子晗等人[1]发明了一种整面减薄的多步等离子体刻蚀方法（见图 4.3）。该方法利用等离子体刻蚀的特性，即自由基以化学刻蚀为主，对表面损伤小，而离子以物理刻蚀为主，对表面轰击较大，通过增加沉积步骤，在晶圆表面沉积一层厚度合适的薄膜，其对记得蚀初期较强的离子物理轰击具有一定的耐受性，加强了对晶圆表面的保护。在刻蚀后期，虽然薄膜被耗尽，但是由于此时主要进行化学刻蚀，化学刻蚀具有良好的各向同性，使得晶圆被减薄后仍然具有较好的表面粗糙度和厚度均匀性，而且不会受到减薄厚度的制约，从而使减薄厚度、表面粗糙度和厚度均匀性均达到工艺要求。多步整面减薄工艺表面粗糙度的原子力显微镜表征结果如图 4.4 所示。多步整面减薄工艺均匀性试验结果见表 4.1。

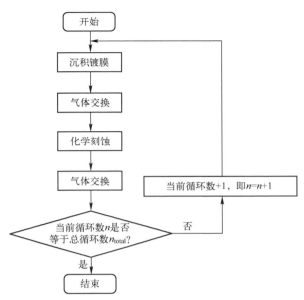

图 4.3　多步整面减薄工艺方法流程图[1]

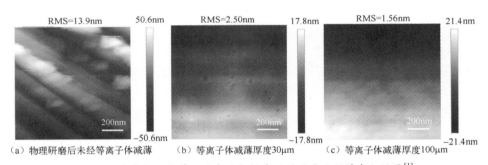

（a）物理研磨后未经等离子减薄　　（b）等离子体减薄厚度30μm　　（c）等离子体减薄厚度100μm

图 4.4　多步整面减薄工艺表面粗糙度的原子力显微镜表征结果[1]

表 4.1　多步整面减薄工艺均匀性试验结果[1]

减薄目标厚度/μm	最小厚度/μm	最大厚度/μm	均匀性
30	29	31	3.33%
100	97	105	3.96%

4.2.2　硅通孔刻蚀工艺

提升器件性能、降低功耗和缩小器件体积是目前先进封装技术的主要研究方向。特别是在三维集成封装中，硅通孔（Through-Silicon Vias，TSVs）技术是实现高密度垂直互连的关键技术之一。

刻蚀硅通孔一般要求深宽比 10:1 以上，传统的湿法刻蚀很难完成，必须采用干法刻蚀。由 Robert Bosch Gmbh 发明的博世工艺（Bosch Process）是目前实现深硅刻蚀的主流工艺方法，它是一种沉积和刻蚀交替循环进行的深硅刻蚀工艺。博世工艺的基本流程如图 4.5 所示：（1）预沉积，一般采用 C_4F_8 等易沉积气体在底部和侧壁预沉积一层聚合物保护层；（2）沉积，与预沉积类似只是时间较短，沉积的保护层较薄；（3）刻蚀，采用 SF_6 等硅刻蚀气体并且设定一定功率的下射频，先把底部聚合物刻蚀干净，然后向下刻蚀硅，侧壁有聚合物保护，刻蚀较弱；重复沉积和刻蚀步骤，实现高深刻比的硅刻蚀。

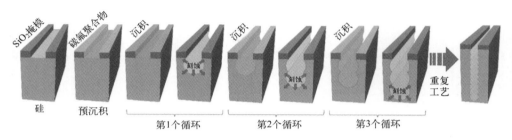

图 4.5　博世工艺示意图[2]

虽然博世工艺能够实现高深刻比的刻蚀，但是在沉积和刻蚀交替过程中会存在气体重合，所以侧壁会产生扇贝状结构（Scallop）导致侧壁不光滑，还会在侧壁上残留碳氟聚合物。如何控制侧壁扇贝状结构并去除侧壁上残留的碳氟聚合物是需要解决的问题。

1．扇贝状结构控制

调节扇贝形貌的刻蚀方法如图 4.6 所示。首先利用测试步骤对测试晶圆进行刻蚀，以使侧壁具有预设扇贝尺寸的沟槽。该扇贝形貌蕴含沉积与刻蚀之间平衡的信息，即扇贝尺寸越大，刻蚀作用越强；反之，沉积作用越强。然后，利用比较步骤对沟槽侧壁的深度方向上的不同位置处的扇贝尺寸进行比较，最后，通过调试步骤对待刻蚀晶圆进行刻蚀，且在刻蚀过程中根据比较结果调整工艺配方，以修正沟槽的刻蚀形貌。这种调试形貌的工艺方法是与传统的博世工艺相类似，即交替进行沉积和刻蚀步骤，在达到预设的循环数之后，可以使沟槽达到目标深度。但是，与传统的博世工艺不同的是，在每完成一次循环时，对当前的工艺配方进行调试，以达到修正沟槽的刻蚀形貌的目的，并在进行下一次循环时，使用调试后的新工艺配方进行沉积和刻蚀步骤。

其中工艺配方的调试方法有两种。第一种调试方法是在沉积步骤中加入调试气体，优选氧气。该调试气体的流量越大，沟槽侧壁上的扇贝尺寸越大；反之，越小。因此，在进行比较步骤时，判断扇贝尺寸大小，进而调节调试气体的流量。优选使用氧气同时作为沉积气体和调试气体，这是因为氧气可以与硅晶圆发生化学反应生成二氧化硅，能够耐受氟基等离子体的刻蚀，达到保护侧壁的目的；同时，与使用纯碳氟气体作为沉积气体在侧壁上形成碳氟聚合物作为保护层相比，使用氧气作为沉积气体可以减少甚至消除沟槽中的碳氟聚合物，从而有利于后续的清洗工艺。第二种调试方法是调节沉积步中偏置电极功率的大小，偏置电极功率越大，聚合物沉积的厚度较小，则沟槽侧壁上的扇贝尺寸越大；反之，则越小。

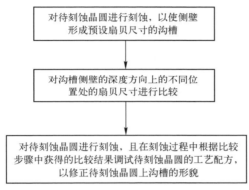

图 4.6　调节扇贝形貌的刻蚀方法[3]

2. 刻蚀后碳氟聚合物去除

在博世工艺中沉积步产生的碳氟聚合物保护层有一定厚度，刻蚀步无法完全将其刻蚀干净，在硅通孔刻蚀结束后，侧壁会存在一定厚度的碳氟聚合物，需要去除干净。由于硅通孔深宽比较大，且开口较小，采用湿法去除，溶液很难进入孔内，碳氟聚合物去除不彻底，因此需要采用干法刻蚀的方法去除碳氟聚合物。尽管等离子体方法去除光刻胶比较容易，但是去除刻蚀后碳氟聚合物副产物相对困难。刻蚀后碳氟聚合物去除难点有两个：其一刻蚀后碳氟聚合物的成分较为复杂，除一般的碳氟元素外，还可能存在硅等刻蚀产物；其二硅通孔深宽比较大，底部气体交换较为困难，底部刻蚀速率会降低。

针对刻蚀后碳氟聚合物的特点，需要采用含氟气体的等离子体去除刻蚀后聚合物等残留物质。氟基气体不仅可以去除不需要的聚合物和类 SiO_2 残留物，还可以对刻蚀形貌进行微观修饰，如让开口及底部更圆滑。此外，在某些情况下，等离子体处理残留物步骤虽然无法直接去除残留物，但是可以激活或改变残留物，以便通过随后的湿法清洁步骤更有效地去除。

4.2.3　等离子体切割工艺

在芯片封装中需要将单个芯片分割出来进行相应的封装处理。传统方法是采用激光或者机械切割的方式实现，等离子体也可以用来进行芯片切割。等离子体切割具有许多益处，如切屑更少、提高裸片强度/产量和提高每张晶圆的裸片密度。晶圆通常在框架结构中被安装在胶带上，并使用博世工艺进行各向异性的等离子体刻蚀。等离子体切割的工艺结果如图 4.7 所示[4]。

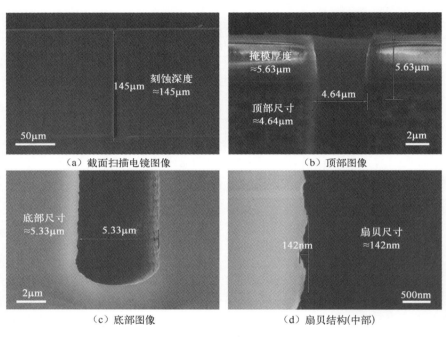

（a）截面扫描电镜图像　　　　　（b）顶部图像

（c）底部图像　　　　　　　（d）扇贝结构(中部)

图 4.7　等离子体切割的工艺结果[4]

对于等离子体切割工艺来说，需要进行高深宽比（>30:1）、高绝对深度（>100μm）的硅刻蚀工艺，会产生弯弓（Bowing）形貌。现有文献总结产生弯弓形貌的原因有三个：首先，在高深宽比（>30:1）刻蚀中，开口较小，深度较深，离子反射区域受限，有些区域能够被离子轰击到，刻蚀速率较快，相应的区域横向刻蚀较快，导致侧壁发生弯曲[5]；其次，深孔内热量交换速率差异影响不同深度区域的刻蚀速率，而导致侧壁发生弯曲[6]；再次，刻蚀步骤时间较长，刻蚀量较大，侧壁保护减弱，导致侧壁发生弯曲[7]。实际上，在博世工艺中弯弓形貌产生的原因是复杂的，还需要进行更为深入的研究。

4.2.4　扇出型封装中的硅刻蚀工艺

与扇入型封装相比，扇出型封装尺寸不局限于芯片尺寸，通过再布线层技术能够扩大封装尺寸，提供更高的输入/输出数量。在扇出型封装中，需要将芯片嵌入到临时载体上，然后进行相应的晶圆级封装。临时载体通常是硅片、玻璃片或树脂片等。其中硅片作为扇出型封装的载体时，需要采用等离子体刻蚀方法制造出比芯片尺寸略大的硅槽，尺寸比较大，在毫米量级。扇出型封装中硅槽的刻蚀也是采用博世工艺获得的，尺寸在 1.2mm×1.2mm，如图 4.8 所示。

（a）刻蚀前光学显微镜
图片，标尺为500μm

（c）刻蚀前扫描电子显微镜图片，标尺为500μm，放大图标尺为20μm

（b）刻蚀后光学显微镜
图片，标尺为500μm

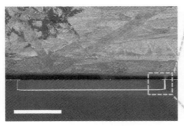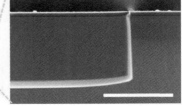

（d）刻蚀后扫描电子显微镜图片，标尺为500μm，放大图标尺为100μm

图 4.8　扇出型封装中硅槽刻蚀结果[8]

扇出型封装中大尺寸的硅槽刻蚀的基本要求包括：晶圆尺寸以 12 英寸为主，刻蚀均匀性要求在 3%以内，刻蚀深度大于 100μs，属于深硅刻蚀，需要采用博世工艺进行刻蚀，侧壁垂直度要求高（90°±3°），刻蚀面积大等。基于以上要求，扇出型封装中硅槽刻蚀存在侧壁倾斜、底部"长草"（Grass）、侧壁扇贝尺寸较大等问题。可以通过调节工艺配方中某些参数，改善其中单个或两个问题，但是会影响到整体的刻蚀形貌、刻蚀速率、刻蚀均匀性等刻蚀性能。因此针对扇出型封装中的硅槽刻蚀，需要对刻蚀机台的硬件进行相应的改进，具体的改进内容将在 5.4 节中进行详细阐述。

4.3　先进封装中的聚合物刻蚀

聚酰亚胺（PI）是一种综合性能良好的有机高分子材料，例如，耐高温达400℃以上，并具有高绝缘性、低介电常数，能用作多层金属互连结构的层间介质材料（Inter-lager Dielectric，ILD），也可以减小电路中的寄生电容，减小电路时延和串扰。在先进封装中，聚酰亚胺不仅可以用来制备图形化结构，还可以用作钝化层，以避免不同电路之间的互连干扰。现有技术通常是采用光刻技术实现聚酰亚胺的图形化，但仅通过光刻技术最多能实现几微米的刻蚀深度，难以得到具有高绝对深度、高垂直度结构的聚酰亚胺形貌。孔宇威等人[9]报道采用等离子体刻蚀方法可以获得具有高绝对深度、高垂直度的聚酰亚胺形貌。其基本方法如图 4.9 所示：在聚酰亚胺表面设置掩模层，并循环执行沉积保护层、刻蚀聚酰亚胺上的保护层及刻蚀聚酰亚胺。掩模层可抑制刻蚀过程中的横向刻蚀速率，保证了聚酰亚胺刻蚀位置的横截面图形，且有利于聚酰亚胺的纵向刻蚀。保护层可对掩模层和聚酰亚胺的侧壁进行保护，以保证聚酰亚胺的刻蚀深度和高垂直度。采用不同的偏置功率将刻蚀聚酰亚胺上的保护层与刻蚀聚酰亚胺分开执行，可以防止聚酰亚胺发生碳化，从而更有利于得到具有高绝对深度、高垂直度的聚酰亚胺形貌。采用该方法获得了 27.8μm 和 31.3μm 深的聚酰亚胺结构，如图 4.10 所示。

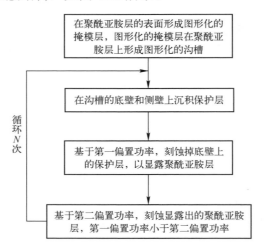

图 4.9　一种高深度、高垂直度的聚酰亚胺刻蚀方法[9]

 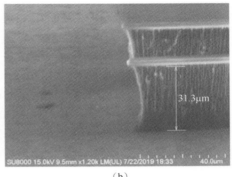

（a）　　　　　　　　　　　　（b）

图 4.10　采用图 4.9 的刻蚀方法获得的聚酰亚胺结构[9]

4.4　先进封装中翘曲片的等离子体处理方法

在扇出型封装中，常采用树脂等聚合物制作临时载片，进行后续晶圆级封装。在制作这种树脂片的过程中，由于芯片与树脂的热膨胀系数不同，树脂片容易发生翘曲。当翘曲片在刻蚀设备的反应腔室内进行等离体子处理的过程中，由于晶圆的边缘翘曲，晶圆与卡盘之间接触不紧密，在等离子体处理过程中，晶圆的边缘及背面容易积累电荷，从而容易使得晶圆的边缘发生尖端放电。此外翘曲晶圆边缘无法与卡盘接触，刻蚀时间过长，晶圆边缘热量无法通过卡盘冷却就会造成晶圆边缘温度过高导致糊胶，进而容易导致晶圆刻蚀失败，致使晶圆的良率较低。如何降低翘曲片刻蚀工艺中的放电、糊胶等问题，是当前扇出型封装工艺面临的挑战之一。

董子晗等人[10]报道了采用等离子体去胶机优化翘曲片的刻蚀方法。与 4.2 节介绍的单步等离子体表面处理不同，对翘曲片需要采用分步刻蚀方法，主要包括如下三步。

主刻蚀：与通入刻蚀气体进行聚酰亚胺等刻蚀相比，该步骤不宜时间过长，否则容易导致翘曲片的边缘电荷聚集较多，同时产生的热量较多。需要注意的是，翘曲片的翘曲量越大，预设工艺时间越短。

偏置电极刻蚀：通入惰性气体（如氩气），只开启偏置电极进行物理刻蚀。相比化学刻蚀，物理刻蚀产生热量较少，能缓解翘曲表面热量积累，惰性气体不与聚酰亚胺发生化学反应，进而可以减少热量释放，并且能带走翘曲片边缘积累的热量，减少边缘糊胶风险。同时，惰性气体电离出离子及电荷，电荷与翘曲片边缘积累的正电荷结合，进而释放翘曲片边缘的电荷积累，降低边缘打火风险。

此外，电离后的惰性气体也会对翘曲片表面进行物理轰击，从而实现对翘曲片上的聚酰亚胺层的刻蚀；同时，电离后的惰性气体能够对翘曲片表面刻蚀后的杂质进行物理轰击，从而可以对表面杂质进行清理，进而能够改善聚酰亚胺层的刻蚀均匀性。

源射频刻蚀：通入刻蚀气体，只开启源射频功率，即微波功率，进行刻蚀。由于等离子体去胶机源射频系统属于远程等离子体源，只开启微波源，等离子体在腔室外进行解离，进而减少了热量释放，降低了边缘糊胶风险。微波解离后的刻蚀气体主要成分为不带电的自由基，所以在翘曲片表面也无电荷积累。另外，此步骤可用于对刻蚀步骤进行过渡，从而使得刻蚀步骤之间的切换更加平稳。

采用以上方法对翘曲片进行表面处理，可以有效改善翘曲片的表面处理效果，如图 4.11 所示。

（a）单步等离子体处理的结果　　　　　　（b）优化后多步等离子体处理的结果

图 4.11　两种翘曲片表面等离子体处理方法[10]

参 考 文 献

[1] Dong Z, Yuan R, Lin Y. Silicon wafer thinning process by dry etching with low roughness and high uniformity[C]. // China Semiconductor Technology International Conference (CSTIC), 2020: 1-5.

[2] Lin Y, Yuan R, Zhang X, et al. Deep dry etching of silicon with scallop size uniformly larger than 300 nm[J]. Silicon, 2018(11): 651-658.

[3] 林源为，王春. 刻蚀方法[P]. CN110233102B, 2019.

[4] Lin Y, Yuan R, Zhou C, et al. The application of the scallop nanostructure in deep silicon etching[J]. Nanotechnology, 2020(31): 315301.

[5] Meng L, Yan J. Effect of process parameters on sidewall damage in deep silicon etch[J]. Journal of Micromechanics and Microengineering, 2015(25): 035024.

[6] Tretheway D, Aydil E S. Modeling of heat transport and wafer heating effects during plasma etching[J]. Journal of the Electrochemical Society, 1996(143): 3674-80.

[7] Gao F, Ylinen S, Kainlauri M, et al. Smooth silicon sidewall etching for waveguide structures using a modified Bosch process[J]. Journal of Micro-Nanolithography MEMS and MOEMS, 2014(13): 013010.

[8] Cui Y, Jian S, Chen C, et al. Uniformity improvement of deep silicon cavities fabricated by plasma etching with 12-inch wafer level[J]. Journal of Micromechanics and Microengineering. 2019(29): 105010.

[9] Kong Y, Lin Y, Dong Z. Deep and vertical polymide etching[C]. //China Semiconductor Technology International Conference (CSTIC), 2021: 1-3.

[10] Dong Z, Lin Y, Kong Y. Ashing process on warpage wafer with low damage[C]. //China Semiconductor Technology International Conference (CSTIC), 2021: 1-3.

第 5 章

等离子体刻蚀机

5.1　等离子体刻蚀机软硬件结构

在集成电路制造领域的设备中，等离子体刻蚀机的复杂程度仅次于光刻机，需要机械工程师、电气工程师、射频工程师、工艺工程师、软件工程师等诸多工种的配合，涉及物理、化学、材料、电子、机械、软件、微电子、自动化等学科交叉融合，属于知识密集型的产品。

与集成电路制造领域的很多设备类似，等离子体刻蚀机由传输系统、真空控制系统、射频系统、温度控制系统、附属设备、整机控制系统等组成[1]。

5.1.1　传输系统

在等离子体刻蚀机中，传输系统是将晶圆从晶圆承载器搬运到指定的反应腔的系统[2]。这里以大气传输系统为例，大气传输系统一共有 5 个组成模块，分别是晶圆承载器（8in 的称为 Cassette，12in 的称为 Foup）、晶圆装卸机（Vacuum Cassette Elevator，VCE）、晶圆校准器（Aligner）、机械手臂（Robot）、传输腔（Transfer Module Chamber，TMC）。图 5.1 展示了主要的传输系统流程。最初，晶圆承载器中的晶圆会通过晶圆装卸机传输到晶圆校准器中进行校准和定位（①）；之后，由传输腔中的机械手臂从晶圆校准器中将晶圆取到传输腔中（②），并传递到反应腔中（③）；等工艺完成之后，由机械手臂从反应腔中取出完成刻蚀的晶圆（④），并传回晶圆装卸机（⑤）。除了这些组成部分，不同的传输系统可能还会包括加载接口（Load Port Interface，LPI）、大气机械手臂、加热腔、冷却腔和真空泵等。

对于传输系统，较为重要的设计指标是传输链尺寸的设计。传输链尺寸需要保证每一个组成部分的对接口在同一水平高度，方便晶圆来回传输。反应腔内三针的升降高度、机械手臂的升降高度、晶圆装卸机的高度等都需要设定。行业内通常会以 SEMI 认证所认可的参数为标准。

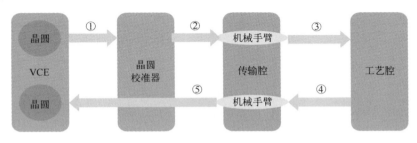

图 5.1　主要的传输系统流程

（1）晶圆承载器：一个放晶圆的盒子，通常一盒中有 13 片或者 25 片晶圆，上下叠加存放，每一片之间有一定的间隙，可避免晶圆表面磨损。

（2）晶圆装卸机和晶圆校准器：统称为设备前端模块（Equipment Front End Module，EFEM）。

① 晶圆装卸机含有一个气动或者电动的升降平台，以及与整个设备前端模块对接的门阀。不仅需要通过晶圆装卸机将晶圆从晶圆承载器中取出，还要通过晶圆装卸机将完成刻蚀的晶圆放回晶圆承载器，所以通常一个刻蚀机至少有两个晶圆装卸机。

② 晶圆校准器中含有图像识别传感器和一个旋转平台。根据图像旋转器的校对，旋转平台会将晶圆转至一个固定方向，减小晶圆在传输过程中的偏心量。

③ 设备前端模块中还有一个大气机械手臂，用于传输晶圆。由于传输晶圆的工作过程是在大气环境下进行的，所以晶圆表面会被颗粒污染。通常在设备前端模块中会有平稳流动的过滤空气，可减少晶圆表面的颗粒数。

（3）机械手臂：有大气机械手臂和真空机械手臂两种。大气机械手臂位于设备前端模块，负责将晶圆在晶圆装卸机和晶圆校准器之间来回传输。真空机械手臂位于真空传输腔，负责将晶圆在预抽真空腔和传输腔之间来回传输。预抽真空腔是真空传输系统中才会有的一个模块，在传输过程中，主要用于大气和真空的状态转换，内部有两个放置晶圆的片槽，可在传输过程中承载晶圆。机械手指可以根据晶圆的材质和工艺的类型，通常用铝合金、陶瓷等制作。

（4）传输腔：分为大气传输腔和真空传输腔，是传输系统的中通枢纽，传输方式和流程决定传输效率。

① 大气传输腔是用来对接设备前端模块和反应腔的一个转换平台，主要包

含观察窗、机械手臂、对接门阀或对接口、开盖系统、安全系统、支撑系统及其对应的电气系统。观察窗可方便操作人员观察晶圆是否处于正常的传输状态。机械手臂可将晶圆送入反应腔或从工艺腔中取出晶圆。对接门阀或对接口可将传输模块分隔。当传输出现问题时，操作人员打开传输腔调整设备。支撑系统用于固定整个传输腔。当发生意外时，操作人员可通过安全系统紧急停止整个传输腔的运作。操作人员可通过电气系统与计算机对接，实时监控和记录传输腔内的情况。

② 真空传输腔在具有大气传输腔所有特征的基础上，又增加了真空检测和安全模块，并将大气机械手臂更换为真空机械手臂。真空检测模块用于检测传输腔内的气压是否达到真空。在发生真空泄漏时，操作人员可通过安全模块紧急停止整个传输腔中正在运作的模块。真空传输腔的整体结构强度会比大气传输腔高。所以，真空传输腔的设计难度较大，需要的支持系统和相对应的电气系统更复杂。

（5）反应腔：传输系统的终点站和核心区域，根据传输腔的设计可以有多个。

图 5.2 展示了两种传输腔的设计示意图。图 5.2（a）展示的是正方形传输腔对接 3 个双反应腔，至多给 6 个晶圆同时刻蚀。图 5.2（b）展示的是六边形传输腔对接 4 个单反应腔，至多可给 4 个晶圆同时刻蚀。多晶圆的同时刻蚀虽然提升了加工效益，但加大了占地面积，并且也考验传输腔和传输系统的多线程控制能力。合理安排晶圆的传输是传输系统设计中一个较为重要的课题。

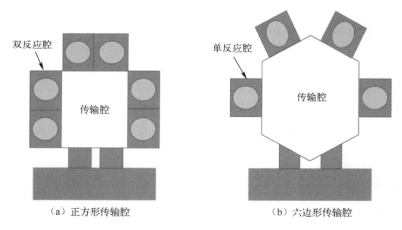

（a）正方形传输腔　　　　　　　　　　（b）六边形传输腔

图 5.2　两种传输腔的设计示意图

5.1.2　真空控制系统

在等离子体刻蚀机中，真空控制系统的作用：一是维持反应腔和传输腔的真空度；二是控制传输工艺气体和工艺废气的排出。这两个作用对于等离子体刻蚀机都很重要。

1. 真空系统

真空系统通常由反应腔的真空系统和传输腔的真空系统组成。真空系统是使等离子体刻蚀机的传输腔和反应腔维持一定真空度和颗粒数的抽气系统。

图 5.3 展示了维持反应腔真空系统的示意图，由很多部件组成，大致可以分为进气部分、抽气部分和检测部分。

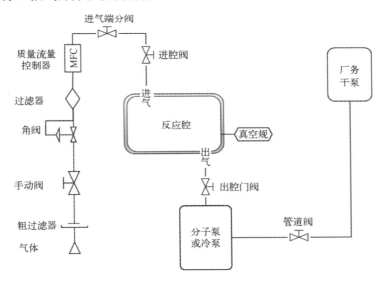

图 5.3　维持反应腔真空系统的示意图

进气部分是气体到反应腔的进气端。在图 5.3 中只展示了一条气路。在实际情况下，根据工艺需求，可以增加气路。气路中的关键部件是角阀、质量流量控制器（Mass Flow Controller，MFC）和进腔阀。这些都是与总控制系统相连接的，以方便操作人员调整。

反应腔中的真空规用于测量反应腔内的真空度。在实际应用中，由于一种真空规的测量精度和范围有局限性，不一定能满足实际工艺需求，所以通常会采用多个真空规分别测量不同的真空度。

抽气部分由出腔门阀、分子泵或冷泵、管道阀、厂务干泵等组成。出腔门阀可以是蝴蝶阀门或者摆动阀门，主要用于控制抽气的流量，开启或关闭连接分子泵和反应腔的真空管路。分子泵或冷泵都属于真空泵，主要的用途是将反应腔中的气体抽走，降低气压。工艺腔中的气压降低，有利于工艺气体的电离和刻蚀。等离子体刻蚀机能维持的真空度主要是由抽气部分决定的。极限真空度主要由主泵决定。

2. 气体控制系统

在等离子体刻蚀机中，气体控制系统是工艺气体传输和控制的系统。真空系统属于气体控制系统。因为工艺气体会对人体造成一定的危害，所以整个流程都需要管控。图 5.4 为气体控制系统的流程。

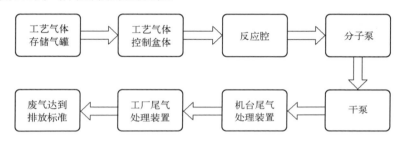

图 5.4　气体控制系统的流程图

刻蚀工艺所使用的工艺气体，如常用的 CF_4、SF_6、Cl_2 等为有毒气体，如果被人体吸入，会造成危害。这些气体用专门的工艺气体存储气罐存储。气体经过的每一个环节都配备有检漏设备，能够及时发现工艺气体是否泄漏，避免造成危害。整个流程最容易发生问题的是连接每个模块的管路。管路是用金属焊接而成的，例如不锈钢 316L。

危险系数较高的是工艺气体控制盒体。工艺气体控制盒体中含有质量流量控制器、电磁阀、手动阀、气泵、管路接口和气体管路等。物料的繁杂造成需要密封的对接口较多。安装工艺气体控制盒体时必须要，保证密封性，这就需要用专门安装垫片的工具和扭矩扳手来辅助安装。

（1）安装垫片的工具：使垫片的安装更加简便，且不会碰到垫片的密封面，保证密封面的清洁度。

（2）扭矩扳手：可以使每一个密封处的安装扭矩保持一致，在达到固定的安装扭矩后空转，保证连接可靠。

进行刻蚀工艺时，操作人员可以根据需求通过工艺气体控制盒体将所需要的工艺气体以一定的流量和流速从工艺气体存储气罐中传送至反应腔。完成刻蚀工艺后，操作人员会先用分子泵将反应腔内的废气抽出并传送至干泵，再由干泵传送至机台尾气处理装置，之后由工厂尾气处理装置进行第二次处理，使需要排放的废气达到排放标准。

5.1.3 射频系统

射频系统用于将气体分解成为离子和电子[3]。射频系统有三种主流的设计思路：容性耦合等离子体（CCP）、感性耦合等离子体（ICP）、电子回旋共振（ECR）。本节以感性耦合等离子体刻蚀射频系统为例进行讲解。感性耦合等离子体射频系统可以分为源射频（Source RF）、偏置射频（Bias RF）。源射频主要控制等离子体的参数，通过刻蚀机的源电极模块进行设计。偏置射频主要控制轰击晶圆的离子能量，通过刻蚀机的偏置电极模块进行设计。

如图 5.5 所示，源射频和偏置射频分别位于反应腔的上方的源电极和下方的偏置电极。源射频主要包括匹配器、电感线圈、滤波盒和辅助接地件等。偏置射频主要包括匹配器、射频柱、滤波盒和辅助接地件等。

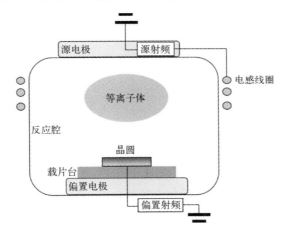

图 5.5 源射频、偏置射频示意图

源射频、偏置射频在等离子体刻蚀机中的主要作用有两个：一个是实现等离子体的能量和浓度在反应腔内的均匀分布；另一个是保证射频回路接地，保证操作人员不会因为触碰等离子体刻蚀机而导致安全问题。

匹配器和电感线圈是实现等离子体的能量和浓度在反应腔内均匀分布的关键。匹配器用于使负载阻抗与射频电源的阻抗匹配，减小反射功率，使传输功率最大。匹配器决定了电感线圈射频功率的大小。功率越大，电离的气体就越多，得到的等离子体浓度越高。电感线圈的匝数、电感量和分布决定了等离子体在反应腔内的分布。在理想状态下，在反应腔内，每平方厘米等离子体的能量和数量应该是相同的。实际上，ICP 的电感线圈上一直存在局部高电压的问题，需要用法拉第屏蔽技术（Faraday Shield）。使用这项技术会导致等离子体的浓度和均匀性下降，影响刻蚀工艺的均匀性。

射频连接柱通常指的是偏置电极诱导等离子体轰击的射频结构。它的频率通常比源射频的频率要低，所需要的能量消耗不大。

滤波盒和辅助接地件是保证安全的重要部件。从工艺腔内获得的任何电信号都会受到等离子体的影响，这个时候需要将这些电信号连接到滤波盒上，由滤波盒传递到计算机上，由操作人员读取。经过处理的电信号会去掉许多干扰信号。辅助接地件确保反应腔内的射频形成一个闭环。如果没有形成闭环，则在进行刻蚀工艺，操作人员触碰反应腔时，会造成危害：根据射频功率和频率的不同，危害轻重不同，轻微可能造成皮肤表面烧伤，严重可能造成死亡。

5.1.4　温度控制系统

温度控制系统是等离子体刻蚀机中不可或缺的一环。刻蚀工艺会释放出大量的热量，这些热量需要通过热传递的方式排出，否则可能导致刻蚀机的部件氯化及电气元件的热疲劳，从而导致设备故障。同时，刻蚀工艺的刻蚀速率和深度对温度极其敏感，需要将晶圆控制在一定的温度范围，否则刻蚀结果会与芯片的设计图纸不一致。另外，操作人员在维护或者操作刻蚀机时，同样要求刻蚀机的温度处于一个可以接受的范围。这些情况都说明，温度控制系统是必不可少的。

温度控制系统的常用工作方式有隔热、散热和加热器加热。散热是在刻蚀机的热源处安装风冷或者水冷通道，将多余的热量带走。加热器加热是通过控制电压的方法调整加热的速率，或者恒定在某一温度，对目标物体进行加热，实现目标物体的温度可控。但是在对目标物体加热时，不可避免地会影响加热器周围其他的刻蚀机部件。此时就需要用低热导率的材料，如石英或者陶瓷等，对加热器进行隔热。

在实际的等离子体刻蚀机中，反应腔、源电极、偏置电极、加热腔和冷却腔都有温度控制需求。

反应腔和源电极需要处理因刻蚀工艺所产生的巨大的热量。这些热量不仅会影响工艺结果，还会导致设备损坏，所以会在源电极处散热，避免热损害。在反应腔的内壁中设计空气隔热层或者水冷散热通道，在避免热损害的同时还能保证腔室内温度的均匀性。偏置电极会与晶圆接触，需要保持水平面上的温度均匀性。同时，偏置电极的下方有很多的电线、水路、真空气路等，需要隔热。加热腔和冷却腔需要维持在一定的温度，保证晶圆整体的加热和冷却速率适中。

这些温度信息都会由热电偶或者热照相机转换成电信号，传输到控制系统中，方便操作人员查看并根据需要调整电压高低和冷却液的流速等。

5.1.5　附属设备

等离子体刻蚀机的附属设备是指一些间接参与刻蚀工艺的设备，如冷却器（Chiller）、分子泵、牵引泵、干泵、气体质量流量控制器（MFC）、测温晶圆（On Wafer）、射频电源、尾气处理装备（Local Scrubber）等。

（1）冷却器：通过冷却液可将上偏置电极多余的热量带走，并控制温度。

（2）分子泵：主要应用于反应腔的出气口，将工艺废气抽出。

（3）牵引泵：主要应用于真空传输腔，将传输腔内的气体抽出，维持真空状态。

（4）干泵：主要为反应腔或者真空传输腔提供真空环境，通常接在反应腔的分子泵和真空传输腔的牵引泵之后，工作压力范围为 $10^{-3} \sim 10^3$ Torr。

（5）气体质量流量控制器（MFC）：主要由流量传感器、流量控制阀和控制电路组成，主要用于控制进出口工艺气体的流量以及上偏置电极冷却液的流量。

（6）测温晶圆：大小与普通的晶圆相同，表面有多个热电偶，可以将晶圆的温度信息实时反馈给操作人员，主要用于验证机械卡盘或者静电卡盘调控晶圆表面温度的能力。

（7）射频电源[4]：可以产生高频交变电磁波，主要用于在低压或常压环境下，为激发等离子体提供所需要的能量。

（8）尾气处理装备：主要用于处理刻蚀工艺中未完全反应的工艺气体，以及副产物中的有毒有害气体或烟尘，以达到可以排放的标准，减少对环境的污染，有燃烧式、电热式、等离子体式和吸附式等 4 种。

① 燃烧式尾气处理装备是在排放的废气中加入可燃气体。

② 电热式尾气处理装备是将排放的废气加入水中，并对其加热，无法处理不溶于水的气体。

③ 等离子体式尾气处理装备是通过高电压离子束破坏废气的化学键，使其分解。

④ 吸附式尾气处理装备是通过物理或化学的方式，将废气中的有害成分吸附在固体上，效率不高。

由于工艺种类和晶圆膜层结构的不同，单一一种尾气处理装备在多数情况下是不能处理所有的尾气的，因此需要根据具体情况，组合选择最合适的尾气处理装备。

5.1.6　整机控制系统

整机控制系统是从将晶圆放置在等离子体刻蚀机上，到完成刻蚀工艺并取出晶圆的全流程控制与监管自动化交互系统。整机控制系统主要分为传输系统控制模块、工艺系统控制模块和集群设备控制模块。

（1）传输控制系统模块能够控制晶圆装卸机的状态，并反映每一个晶圆的跳片、未工艺、已工艺、取出等工艺状态，控制机械手臂完成取片、送片、门阀开关和紧急停止传输的流程。最重要的是，当启动自动化流程时，传输控制系统模块能够实现自动化取片、送片、门阀开关等一系列操作。

（2）工艺系统控制模块能够控制工艺气体的进出系统、射频的功率、三针的升降、测量腔室的压力和温度等。

（3）集群设备控制模块能够管理和协调传输控制系统模块和工艺系统控制模块，生成关于工艺参数和流程参数的日志，并可紧急停止流程。另外，集群设备控制模块可以根据工艺的实际需要，允许操作人员编辑或重写从传片到工艺结束将晶圆传回片盒的流程。

5.2　关键结构的设计

等离子体刻蚀机中的关键结构包括反应腔、静电卡盘和匀流板。

5.2.1　反应腔

等离子体刻蚀机中，反应腔是刻蚀机工艺模块（Process Module，PM）的主要承载结构[5]。反应腔包括门阀（Slot）、载片台、进气系统、出气系统、终检系统和射频系统，如图 5.6 所示，通过传输系统，晶圆到达反应腔内，关闭门阀，对反应腔抽真空。当达到真空并维持在低压状态后，反应气体从进气口以一定流速进入，并在射频系统作用下分解成等离子体（①）。通过偏置射频的引导，等离子体会轰击晶圆表面，进行刻蚀（②）。生产的副产物通常为气体，通过出气口排出（③）。

为了保证刻蚀工艺后，晶圆上的特征尺寸和刻蚀深度与芯片设计图纸是一致的，在设计反应腔时，会从气流场、电磁场、温度场和颗粒控制等方面进行考虑。气流场需要设计进气系统和出气系统。电磁场需要设计射频系统。温度场需要考虑在等离子体轰击晶圆时，载片台控制晶圆表面温度的方法。颗粒控制需要考虑门阀密封和实时监控晶圆表面的颗粒分布，以调整刻蚀工艺。实时监控晶圆表面的颗粒分布可以通过终检系统实现。

（1）门阀：反应腔和传输腔对接的出入口，是防止等离子体泄漏至反应腔外的关键。

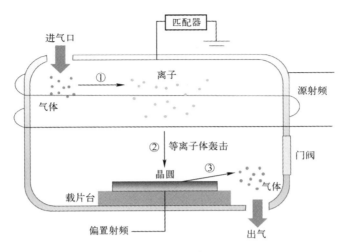

图 5.6　反应腔示意图

（2）载片台：放置晶圆的平台，包含三针升降系统、固定系统、控温系统、射频系统等。

① 三针升降系统：三根在同一水平面由气泵或者电动机驱动的同时升降的针。当将晶圆放置到载片台上或者从载片台移出时，三针升降系统启动。

② 固定系统：在刻蚀晶圆的过程中，用于保证晶圆不会移动。固定系统分为两种：一种是机械固定系统；另一种是静电吸附固定系统。机械固定系统包含机械压环、压环升降系统。机械固定系统的主要原理是将晶圆的活动空间或者位移范围用其他的物件限制。静电吸附固定系统是通过静电卡盘实现的，将在本节稍后详细描述。

③ 控温系统：防止载片台或者反应腔的下部分过热，控制刻蚀的速率和均匀性，含有加热器或者冷却器。

④ 射频系统：控制等离子体轰击晶圆表面的系统，用于调控等离子体的强度和方向。

（3）进气系统和出气系统：设计方式可影响晶圆刻蚀的深度和速率。进气系统能够实现晶圆上方流体速度分布均匀。流体速度分布均匀有助于晶圆各处刻蚀的速率和深度一致。工艺完成之后产生的气体和颗粒等副产物会被出气系统抽走。进出气系统需要确保密封性，维持反应腔内的真空度，防止工艺气体和副产物泄漏。

（4）终检系统：包括 OES（光谱收集分系统）和真空规。OES 可以实时监测反应腔内的情况，可以读出化学成分等一些人眼看不出来的信息，且更为准确，可以反馈至控制系统，实现闭环。真空规用于测量反应腔内的气压，实时监测进出气系统的真空度。

上述模块是刻蚀工艺的直接参与模块，还有很多辅助模块，如源电极模块、上盖系统、偏置电极系统、气路系统、真空系统、开盖机构、腔室支架、控制系统等。在此还需要强调，反应腔是等离子体反应的位置。反应腔内壁材料的选择以及表面处理对刻蚀的重复性和稳定性有着极大的影响。可以使用的材料有硬质氧化的铝合金、氧化铝、氧化钇等。

5.2.2　静电卡盘

静电卡盘是利用静电吸附原理制成的载片台，又名静电吸盘（Electrostatic Chuck，ESC），是反应腔机械结构系统的重要组成部分。载片台有两种：一种是机械方式的；另一种是静电吸附方式的。机械方式的载片台在使用的时候存在晶圆的边缘利用率低，且晶圆表面的温度均匀性较差等问题。静电卡盘很好地解决了这些问题，是机械方式载片台的升级。

静电卡盘（见图 5.7）有两种主流的吸附方式：一种是库仑型；另一种是 J-R 型。这两种静电卡盘基于的原理分别是库仑力和约翰逊-拉别克效应（J-R）。

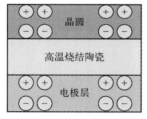
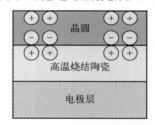

（a）库仑型静电卡盘　　　　　　　　　　（b）J-R型静电卡盘

图 5.7　静电卡盘原理示意图

库仑型静电卡盘使用的高温烧结陶瓷的电阻率通常大于 $10^{15}\Omega\cdot cm$。当给电极层通电时，高温烧结陶瓷会吸引晶圆底面的负电荷聚集，将晶圆牢牢地吸附在静电卡盘上。J-R 型静电卡盘使用的高温烧结陶瓷的电阻率则为 $10^{9}\sim10^{11}\Omega\cdot cm$。相较于库仑型静电卡盘，J-R 型静电卡盘的高温烧结陶瓷的电阻率小很多[6-7]。当给 J-R 型静电卡盘施加电压，高温烧结陶瓷的表面会有正电荷聚集，将晶圆吸附在静电卡盘上。在同一电压下，J-R 型静电卡盘的吸附力更大，不易解除吸附；库仑型静电卡盘的吸附力更小，易解除吸附。

如图 5.8 所示，静电卡盘需要考虑的设计点有很多：三针升降的设计、稳定冷却气体通道的设计、射频系统的设计、直流电压的设计、冷却通道的设计，以及整合这些的结构设计。

（1）三针升降的设计：传输晶圆的关键。

（2）稳定冷却气体通道的设计：冷却气体通常使用惰性气体，如 Ar 气、He

气或 N$_2$ 气。当晶圆吸附在静电卡盘上时，这些气体会吹扫晶圆的背面，使晶圆表面的温度均匀。通常来说，晶圆背面的气压设置得越高，温度越均匀，所要求的吸附力就越高。对于 J-R 型静电卡盘，因为在同一吸附电压下，可以设置更高的电压，所以使晶圆表面的温度更均匀。

（3）射频系统的设计：需要考虑射频能量在静电卡盘的表面均匀分布。

（4）直流电压的设计：需要考虑静电卡盘本身可以承受的电压范围，能实现多大的吸附力。

（5）冷却通道的设计：提高晶圆表面温度均匀性的关键。

（6）结构设计：将以上设计合理地整合在一个静电卡盘中，需要考虑每一种设计互不干扰又能发挥出自身的最大性能。

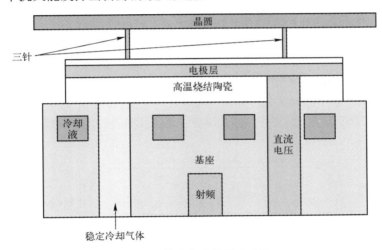

图 5.8　静电卡盘设计示意图

现在对等离子体刻蚀机精度的要求越来越高，从当初的毫米级刻蚀发展到现在的纳米级刻蚀，并且所涉及的产品也越来越宽泛，即从化合物芯片到 5G 芯片。为了满足更高精度的和更复杂的刻蚀工艺需求，除了上述基本的设计点，还需要对静电卡盘的吸附能力、温度均匀性和结构设计等方面进一步优化。

（1）吸附能力：为了应对不同类型吸附优化静电卡盘的设计，设计者通常需要充分了解陶瓷材料和晶圆材料的性能，如电阻率、弹性模量、介电常数、热导率等，根据不同的情况，提出不同的表面设计。例如，表面可以设计为凸点结构，减小吸附接触面积；使用电阻率更高的陶瓷材料，用于更高的吸附电压；降低静电卡盘表面的粗糙度；等等。

（2）温度均匀性：以往冷却通道的设计只是为了带走刻蚀工艺产生的多余热量。现在更高精度的刻蚀工艺与温度均匀性密切相关。减小晶圆表面的最高、最低温度的差值，也是设计静电卡盘的重要一环。这可以通过增加晶圆背面的氦孔数量，或者将水道改为微通道来实现，甚至还可以在陶瓷层中烧结一层加热器，通过热补偿的方式，增加表面温度均匀性。

（3）结构设计：静电卡盘有时会因为尺寸过大，导致热传导均匀性不佳。这时可以通过将静电卡盘分成多个区域来分开控制温度均匀性和吸附能力，从而提高整体性能。

5.2.3　匀流板

匀流板（Shower Head）是实现反应腔气流场均匀的关键机械部件，通常是一块圆形的板，上面有很多均匀分布的小孔。工艺气体从反应腔上方的进气口喷出，在重力和压力的作用下，工艺气体向下运动。由于此时的工艺气体在同一水平面的速度均匀性差，所以需要用匀流板，将速度均匀性提高。

图 5.9 展示了中心进气的反应腔和匀流板示意图。由图可知，工艺气体从喷嘴流动到腔室内的时候，中心速度快，边缘速度慢，在工艺气体刻蚀晶圆之前，需要匀流板调整同一水平面的工艺气体速度均匀性。工艺气体在经过匀流板之后，同一水平面工艺气体的速度方向和大小大致相同，能提高刻蚀工艺的均匀性。

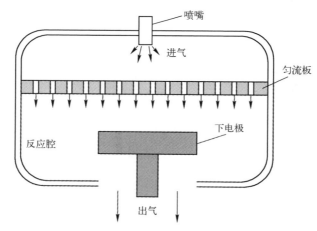

图 5.9　中心进气的反应腔和匀流板示意图

5.3　等离子体刻蚀机工艺参数简介

等离子体刻蚀机的工艺参数主要有腔室压强、源电极功率、偏置电极功率、工艺气体流量和卡盘温度等。

（1）腔室压强简称腔压或者气压，是指腔室内气体的压强。腔压越高，腔室内的气体分子越多（在真空抽速一定的前提下，反应气体的浓度越高），化学反应速率越快，等离子体的平均自由程相应变小。

（2）源电极功率用于将进入腔室的反应气体离化为等离子体。功率越大，等离子体浓度越高，直至饱和（气体完全离化）。

（3）偏置电极功率用于加速等离子体，使等离子体轰击到被刻蚀材料表面。功率越大，等离子体获得的轰击能量越高。

（4）工艺气体流量是指进入腔室的气体流量，由质量流量控制器控制，单位是标准立方厘米每分钟（sccm）：流量太大，无法控制腔压为预定值；流量太小，无法控制稳定的腔压，甚至无法正常启辉产生等离子体。

（5）晶圆被刻蚀时需要冷却卡盘，以防止刻蚀放热导致刻蚀被阻止，因此，卡盘温度是影响冷却效果的重要工艺参数。

5.4　等离子体刻蚀机工艺结果评价指标

5.4.1　刻蚀形貌

刻蚀形貌是表征等离子体刻蚀工艺结果的最重要评价指标，直观反映刻蚀工艺结果能否满足设计要求。该评价指标又可以进一步细分为刻蚀深度（深宽比）、侧壁粗糙度（扇贝尺寸）和侧壁角度等。接下来对这些细分评价指标分别进行详细阐述。

1. 刻蚀深度（深宽比）

等离子体刻蚀工艺是一种减材制造方法。刻蚀深度是最直观也是最重要的评价指标。由于在不同特征尺寸下获得相同刻蚀深度的难度有差异，因此通常也用深宽比作为评价指标，即采用刻蚀深度与特征尺寸之间的比值来评价等离子体刻蚀机的工艺能力。

对于要获得更高的深宽比而言，4.2.2 节所描述的博世工艺（Bosch Process）比传统的单步低温工艺更具有优势。由于等离子体具有一定的平均自由程，刻蚀反应物难以进入深微结构，也很难被抽走。由刻蚀深度越大，刻蚀越难进行，因此等离子体刻蚀机存在极限刻蚀深度。赵元鹤等人[8]报道了博世工艺中刻蚀深度与循环数之间存在二次函数的曲线关系，由此推算出等离子体刻蚀深度的极限，如图 5.10 所示。

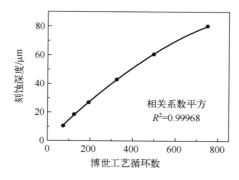

图 5.10　刻蚀深度与工艺循环数采用二次函数拟合的曲线[8]

不同拟合曲线的线性相关系数见表 5.1。表中，二次函数的线性相关系数平方最接近于 1，证明其拟合效果是最好的。得到上述拟合关系后，即可对等离子体刻蚀机的极限刻蚀深度进行探索。根据二次函数的极值公式，刻蚀深度极限值是 $h_{limit}=b^2/(4a)$，a 和 b 分别为二次函数的二次项和一次项。以图 5.10 中的数据为例，拟合曲线表达式是 $h=-6.1n^2+0.1525n-0.51$，h 为刻蚀深度；n 为博世工艺循环数。由此可得，极限刻蚀深度拟合值为 95.3μm，与实验值 94.2μm 相吻合，如图 5.11 所示。

表 5.1　不同拟合曲线的线性相关系数[8]

函数类型	极限刻蚀深度/μm	相关系数平方
Hill 1	208.12147	0.99966
Logistic	208.12145	0.99966
Boltzmann	133.21951	0.99966
S Gompertz	92.89078	0.99561
S Logistic 1	84.56221	0.98753
二次函数	95.3125	0.99968

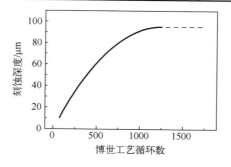

图 5.11　刻蚀深度极限实验值[8]

2．侧壁粗糙度

由于等离子体刻蚀属于减材制造，因此在刻蚀过程中难免会对硅片造成损伤，反映到刻蚀形貌上就是增加刻蚀面的粗糙度。若粗糙度变大出现在刻蚀结构的底部，则俗称长草（Grass）。若粗糙度变大出现在刻蚀结构的侧壁，在博世工艺中俗称扇贝（Scallop），在非博世工艺（Non-Bosch Process）中也可能存在这个问题，具体的机理目前尚不清楚[9]。一般而言，在底部长草是可以避免的，侧壁粗糙度变大往往不可避免，只能尽可能地减小。特别是对于博世工艺，其侧壁粗糙度可以用扇贝尺寸来表征，即扇贝尖端到凹陷处的垂直距离。该尺寸越小，证明侧壁越光滑，如图 5.12 所示。

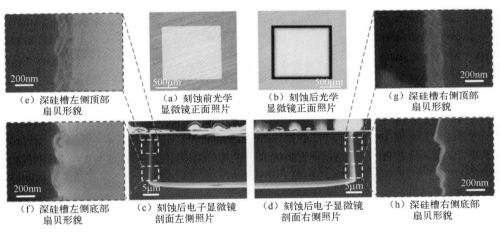

（e）深硅槽左侧顶部扇贝形貌   （a）刻蚀前光学显微镜正面照片   （b）刻蚀后光学显微镜正面照片   （g）深硅槽右侧顶部扇贝形貌

（f）深硅槽左侧底部扇贝形貌   （c）刻蚀后电子显微镜剖面左侧照片   （d）刻蚀后电子显微镜剖面右侧照片   （h）深硅槽右侧底部扇贝形貌

图 5.12 侧壁粗糙度表征示意图[10]

据林源为等人[10]报道，增加刻蚀作用可以减小扇贝尺寸，即减小侧壁粗糙度，这是由于扇贝的尖端相比扇贝的凹陷区域具有更大的暴露在等离子体环境中的面积，增加刻蚀作用可以削平这个尖端，减小扇贝尺寸。另外，同时缩减沉积步和刻蚀步的单步时间也可以减小扇贝尺寸，其机理是减小每个循环的刻蚀量，改善侧壁粗糙度，如图 5.13 所示，可以将扇贝尺寸减至 20nm 以下。

林源为等人[11]还发现，在博世工艺中，扇贝的形貌与晶向有关系，如图 5.14 所示。对于单晶而言，扇贝凹陷区域呈月牙形，扇贝凸起的角度为直角；而对于多晶而言，扇贝凹陷区域呈半圆形，扇贝凸起的角度约为 75°。任意选用四种不同的博世工艺配方得到的结果均如此，证明了结果的重现性。

3．侧壁角度

侧壁角度是指深硅结构垂直于晶圆表面的界面与晶圆表面之间的夹角，如

图 5.15 所示：当侧壁角度小于 90°时，说明刻蚀作用随着刻蚀的进行不断增大；当侧壁角度大于 90°时，说明刻蚀作用随着刻蚀的进行不断减小；只有当侧壁角度为 90°左右时，刻蚀是平衡向下进行的。

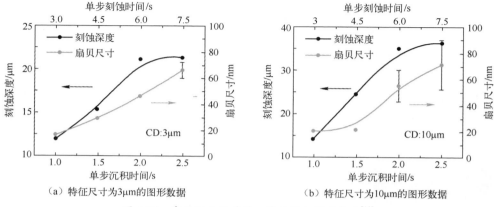

（a）特征尺寸为3μm的图形数据　　　（b）特征尺寸为10μm的图形数据

图 5.13　扇贝尺寸与单步工艺时间之间的关系[10]

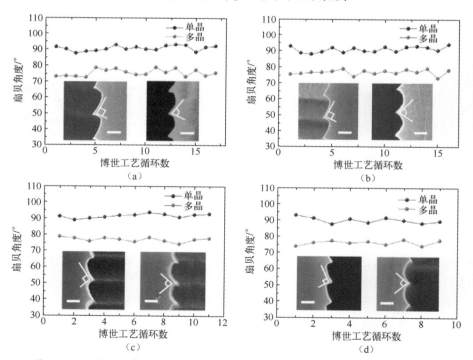

图 5.14　四种不同博世工艺配方下的扇贝形貌与晶向的关系（标尺 500nm）[11]

目前，在等离子体深硅刻蚀中，提升深宽比和侧壁垂直度的方法主要是对刻蚀参数施加"递增"（Ramping），即 $P = P_{initial} + (P_{final} - P_{initial})n/n_{total}$ 其中，P 为工艺配方中的某项工艺参数，$P_{initial}$ 为初始循环时该工艺参数的值，P_{final} 为终末循环时该工艺参数的值，n 为当前循环数，n_{total} 为总的循环数。Tang 等人[12]对腔压、偏置电极功率和刻蚀时间同时施加"递增"，获得了深宽比高达 80 的硅微结构。但该方法的刻蚀角度还具有一定的倾斜度，即刻蚀获得的形貌呈 V 字形。林源为[13]在此基础上优化了"递增"方式，仅使用偏置电极功率和刻蚀时间的"递增"，获得了深宽比大于 65、侧壁角度为 90°±0.1° 的深硅槽结构，见表 5.2。

（a）$\theta<90°$，顶部关键　　（b）$\theta=90°$，顶部关键　　（c）$\theta>90°$，顶部关键
尺寸<底部关键尺寸　　　　尺寸=底部关键尺寸　　　　尺寸>底部关键尺寸

图 5.15 侧壁角度与刻蚀平衡之间的关系[10]

表 5.2 仅使用偏置电极功率和刻蚀时间"递增"的刻蚀工艺结果[13]

项　　目	工艺结果
刻蚀深度	125μm
特征尺寸设计值	1.50μm
顶部特征尺寸	1.36μm
中部特征尺寸	1.36μm
底部特征尺寸	1.47μm
侧壁角度	89.95°

上述只是侧壁角度比较单一的情况，在实际的深硅刻蚀中，当深度增加时会出现弯曲（Bowing）形貌的侧壁角度，如图 5.16 所示。林源为等人[10]报道，增加偏置电极功率有利于消除弯曲形貌。也有文献指出，弯曲形貌是由于轰击作用造成的[14]，并且传热在形貌形成中可能扮演重要角色[15]。因此，对于弯曲形貌侧壁角度改善的研究还有待将来进一步的探索。

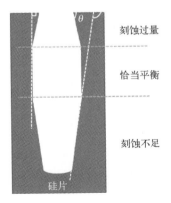

图 5.16 弯曲形貌侧壁角度示意图[10]

5.4.2 刻蚀速率

刻蚀速率是表征刻蚀快慢的指标，即刻蚀深度除以刻蚀时间，通常单位为 μm/min，对于更高精度的刻蚀，也常用单位 nm/min。

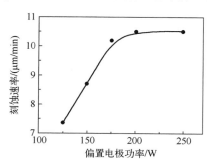

图 5.17 刻蚀速率随偏置
电极功率变化示意图[10]

以 4.2.3 节等离子体切割工艺为例，林源为等人[10]报道了刻蚀机偏置电极功率如何影响等离子体切割工艺的刻蚀速率，如图 5.17 所示。当偏置电极功率在线性区间内增大时，刻蚀速率随之增大，超出线性区间后，刻蚀速率达到饱和，不再随偏置电极功率的增大而发生改变。由于博世工艺采用沉积和刻蚀交替进行，其中的沉积步不仅可以保护侧壁，在刻蚀面底部也会出现碳氟聚合物的沉积。这需要在刻蚀步中进行清除。碳氟聚合物不耐物理轰击，当偏置电极功率增大时，刻蚀面底部的沉积物能够被更快地清除，刻蚀速率随之增大。另一方面，由于在硅的等离子体刻蚀中，化学反应腐蚀掉硅的速率远高于物理轰击剥离出硅的速率，当物理轰击清除刻蚀面底部的沉积物的速率快到一定程度以后，再通过偏置电极功率增加物理轰击作用将不会对硅的刻蚀速率产生大的影响，因此会出现刻蚀速率的饱和区。

除了偏置电极功率以外，虽然也可以通过增大源电极功率来提高刻蚀速率，但气体离化程度达到饱和后，刻蚀速率同样会出现一个饱和区。另外，卡盘温度也会显著影响刻蚀速率。这个影响两个方面：一个方面，硅刻蚀中的化学反应是放热反应（摩尔生成焓为-176kcal/mol），升高的温度将使化学平衡逆向移动，不利于刻蚀速率的提高；另一个方面，根据阿仑尼乌斯公式（Arrhenius Equation）$k=A\exp(-E_a/RT)$，其中的 k 是化学反应速率常数，A 是指前因子，E_a 是活化能，R 是理想气体常数，T 是温度，所有化学反应的反应速率都随着温度升高而提高[16]。由于，温度对刻蚀速率的影响有两个方面，因此需要根据具体情况进行具体分析。

5.4.3 刻蚀均匀性

刻蚀均匀性即硅片中每个周期性结构之间要尽可能相似（片内均匀性），硅片与硅片之间的相同图形也不能有较大差异（片间均匀性）。以片内刻蚀深度均匀性为例，均匀性的计算方法是 $U=(H_{max}-H_{min})/(H_{max}+H_{min})$。其中，$U$ 为均匀性，H_{max} 为片内最深的刻蚀深度，H_{min} 为片内最浅的刻蚀深度。

由于晶圆具有高度的对称性，因此，除了射频系统或者气体输运发生偏心异常，讨论刻蚀均匀性一般而言只需考虑晶圆中心与晶圆边缘之间的差异性。以 5.3.2 节讲解的扇出型封装中的等离子体硅刻蚀工艺为例，崔咏琴等人[16]报道了刻蚀机整流筒、双区背氦和腔压可以显著影响等离子体刻蚀工艺的均匀性。采用锥形整流筒是优化均匀性的常见技术。如图 5.18 所示，采用整流筒后的均匀性相比于没有整流筒时得到了显著改善，当进一步优化整流筒的尺寸与形状后，均匀性还可以进一步得到改善，采用圆环形整流筒可以得到最好的深度均匀性。

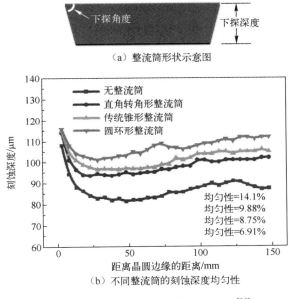

（a）整流筒形状示意图

（b）不同整流筒的刻蚀深度均匀性

图 5.18　均匀性与整流筒之间的关系[16]

而对于背氦而言，调整背氦压力可以调节卡盘表面的温度，如图 5.19 所示。温度的变化对于刻蚀速率的影响不是单一的，需要具体情况具体分析。具体到本项研究，无论是增加外区背氦压力还是减小外区背氦压力（对应于降低外区的卡盘温度或者升高外区的卡盘温度），外区的刻蚀速率（刻蚀深度）均增大，都可以改善刻蚀均匀性。

另外，如图 5.20 所示，当腔压从 65mTorr 降低至 35mTorr 时，均匀性可以从5.32%优化至 3.95%。

将上述因素综合考虑在内，最终实现了 3.02%的片内深度均匀性，满足了工业生产的要求，如图 5.21 所示。

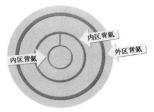

（a）双区背氦示意图

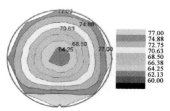

（b）外区背氦压力8Torr时的卡盘表面
测温结果（单位为℃）

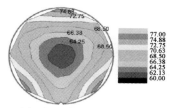

（c）外区背氦压力为4Torr时的卡盘
表面测温结果（单位为℃）

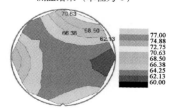

（d）外区背氦压力为12Torr时的卡盘
表面测温结果（单位为℃）

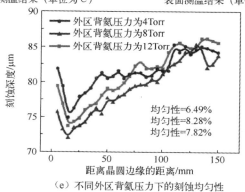

（e）不同外区背氦压力下的刻蚀均匀性

图5.19　均匀性与背氦压力之间的关系[16]

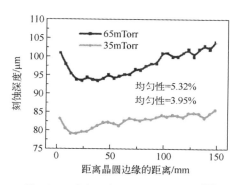

图5.20　均匀性与腔压之间的关系[16]

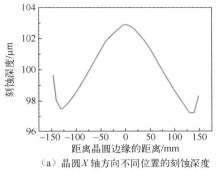
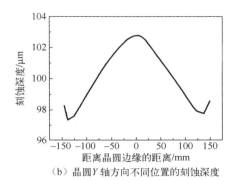

（a）晶圆 X 轴方向不同位置的刻蚀深度　　（b）晶圆 Y 轴方向不同位置的刻蚀深度

图 5.21　最终优化的刻蚀深度表征结果（均匀性为 3.02%）[16]

5.4.4　选择比

选择比是晶圆的刻蚀深度与所消耗的掩模厚度之间的比值。

以 4.2.3 节讲解的等离子体切割工艺为例，林源为等人[10]报道了刻蚀机偏置电极功率如何影响等离子体切割工艺对光刻胶的选择比。如图 5.22 所示，当偏置电极功率增大时，对光刻胶选择比线性减小，其线性相关系数平方达到 0.91672，具有较好的线性关系。在硅的等离子体刻蚀中，由于化学反应腐蚀掉硅的速率远高于物理轰击剥离出硅的速率，光刻胶耐受物理轰击的特性又比较差，因此当偏置电极功率增加时，物理轰击作用增强，硅刻蚀对光刻胶的选择比降低。

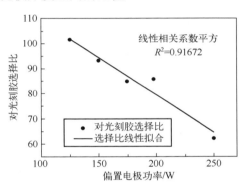

图 5.22　对光刻胶选择比随偏置
电极功率变化示意图[10]

5.4.5　其他工艺结果评价指标

1．特征尺寸损失（CD Loss）

特征尺寸损失是指实际刻蚀出的特征尺寸与光刻后所定义的特征尺寸之间的差异。造成该问题的原因是侧壁没有被很好地保护，刻蚀作用大于保护作用。因此，理论上，实际刻蚀出的特征尺寸只能比光刻后所定义的特征尺寸更大。在实际工艺过程中，要尽量控制特征尺寸损失，越小越好，若在刻蚀工艺中控制特征尺寸损失后仍然不能达到要求，则可以考虑在光刻步骤中进行特征尺寸的补偿。

2．刻蚀残留物（Residum）

等离子体刻蚀的基本原理是等离子体与晶圆发生一系列的物理化学作用，所生成的气态原子、分子被真空系统抽走。若这个过程中发生异常，则生成的气态原子、分子重新聚集成颗粒掉落到晶圆表面，形成刻蚀残留物，降低器件良率，将在第 6 章中进行详细阐述。另外，若刻蚀时气体反应物不足或者能量不够，则会在晶圆的刻蚀面底部形成草状的残留物，也会降低器件良率，同样需要避免。

3．边缘倾斜角（Tilt）

由于边缘尖端效应，射频电场在晶圆的边缘会发生偏转，从而导致等离子体刻蚀的角度在晶圆边缘区域整体发生偏转。出现这一异常后，相比于正常未发生角度偏转的情况，刻蚀深度降低，影响后续的工艺步骤，降低器件良率。要避免射频电场在边缘偏转，就需要优化射频线圈，在静电卡盘的边缘设置边缘环等。除了射频电场的影响，唐希文等人[17]发现，气体流场也是影响等离子体刻蚀的角度在晶圆边缘倾斜的重要影响因素之一。

参 考 文 献

[1] Kazuo Nojiri. Dry etching technology for semiconductors[M]. Springer, 2015:66.

[2] Ito N, Moriya T, Matsumoto M, et al. Reduction of particle contamination in plasma-etching equipment by dehydration of chamber wall[J]. Japanese Journal of Applied Physics, 2008(47): 3630.

[3] Oh S G, Park K S, Lee Y J, et al. A study of parameters related to the etch rate for a dry etch process using NF_3/O_2 and SF_6/O_2[J]. Advances in Materials Science and Engineering. 2014(2014): 608608.

[4] 王阳元. 集成电路产业全书[M]. 北京：电子工业出版社，2018:1538-1541.

[5] Donnelly V M, Kornbilt A. Plasma etching: yesterday, today and tomorrow[J]. Journal of. Vacuum Science and Technology A, 2013(31): 1-49.

[6] Sun Y, Cheng J, Lu Y, et al. Design space of electrostatic chuck in etching chamber[J]. Journal of semiconductors. 2015(36):1-7.

[7] Shim G II, Sugai H. Dechuck operation of coulomb type and Johnsen-Rahbek type of electrostatic chuck used in plasma processing[J]. Plasma and Fusion Research, 2008(3): 051.

[8] Zhao Y, Lin Y. Estimating the etching depth limit in deep silicon etching[C] // China Semiconductor Technology International Conference (CSTIC), 2019: 1-4.

[9] Kim S G, Yang K C. Shin Y J, et al. Etch characteristics of Si and TiO_2 nanostructures using pulse biased inductively coupled plasmas[J]. Nanotechnology, 2020(31): 265302.

[10] Lin Y, Yuan R, Zhou C, et al. The application of the scallop nanostructure in deep silicon etching[J]. Nanotechnology, 2020(31): 315301.

[11] Lin Y, Yuan R, Zhang X, et al. Deep dry etching of silicon with scallop size uniformly larger than 300 nm[J]. Silicon, 2018(11): 651-658.

[12] Tang Y, Sandoughsaz A, Owen K J, et al. Ultra deep reactive ion etching of high aspect-ratio and thick silicon using a ramped-parameter process[J]. Journal of Microelectromechanical Systems, 2018(27): 686-697.

[13] Lin Y, Towards microstructures with ultrahigh aspect-ratio and verticality in deep silicon etching[C] // China Semiconductor Technology International Conference (CSTIC), 2020: 1-3.

[14] Lee J K, Jang I Y, Lee S H, et al. Mechanism of sidewall necking and bowing in the plasma etching of high aspect-ratio contact holes[J]. Journal of the Electrochemical Society, 2010(157): D142-D146.

[15] Tretheway D, Aydil E S. Modeling of heat transport and wafer heating effects during plasma etching[J]. Journal of the Electrochemical Society, 1996(143): 3674-3680.

[16] Cui Y, Jian S, Chen C, et al. Uniformity improvement of deep silicon cavities fabricated by plasma etching with 12-inch wafer level[J]. Journal of Micromechanics and Microengineering. 2019(29): 105010.

[17] Tang X, Zhang H, Lin Y, et al. Towards tilt-free in plasma etching[J]. Journal of Micromechanics and Microengineering. 2021, 31: 115007.

第6章

等离子体测试和表征

6.1 等离子体密度和能量诊断技术

在刻蚀工艺中，等离子体空间分布直接决定刻蚀的均匀性，离子通量及能量决定刻蚀速率及形貌质量。如何准确测量和预测等离子体关键参数成为制约新设备研发及工艺条件优化的关键因素。详细地说，就是要弄清楚刻蚀工艺过程中等离子体的电子和离子的特性及分布，如等离子体密度和离子能量。此外，也要明白放电气压和等离子体放电功率等其他工艺条件对等离子体参数分布的影响，这些参数在反应室内的空间分布等，从而推断出等离子体参量对工艺过程及结果的影响。只有将工艺过程与等离子体参数之间的关系研究清楚，才能发现和分析工艺中存在的问题，探索设备设计及工艺参数优化。

6.1.1 静电探针等离子体诊断

静电探针（也称为 Langmuir 探针）是最早用于测定等离子体特性的一种诊断工具。静电探针的结构简单，操作方便，通过增加机械驱动装置可以研究等离子体空间分辨能力。在一定的简化模型条件下，可以对探针测得的伏安特性曲线进行简单的计算，从而得到等离子体密度和电子温度等重要参数。因此，在低温等离子体研究中，甚至在聚变等离子体的研究中，静电探针都是一种十分有用的诊断手段。相比静电探针结构及操作来说，静电探针的理论分析模型相当复杂，在简化模型条件下可以对伏安特性曲线进行简单的解释：当探针被插入到等离子体后，相对于放电气体的电势，会在探针周围形成由正离子或电荷构成的空间鞘层，而静电探针所收集的电流直接由离化气体中的载流子速率分布以及探针自身的形状决定，因此可以得出等离子体密度和电子温度等重要参数。

为了更好地应用探针测量，我们需要先了解一下鞘层理论。等离子体不是直接接触器壁的，而是在与器壁的交界处，形成一个薄层，不满足电中性的薄层称为等离子体鞘层。在插入等离子体的电极近旁，或者放置于等离子体中的任何绝缘体表面也都会形成鞘层[1]。如第 2 章所述，假设壁是一个无限大的平面，鞘层中电子密度在势场 $V(x)$作用下服从玻尔兹曼分布，离子温度远小于电子温度，离子密度约等于鞘层边界等离子体密度。

此时由电势满足的方程[第 2 章的式（2-4）]可得

$$
\begin{aligned}
\frac{\mathrm{d}^2}{\mathrm{d}x^2}V(x) &= -\frac{\rho}{\varepsilon_0} \\
&= \frac{n_0\mathrm{e}^2}{\varepsilon_0 kT_\mathrm{e}}V(x) \\
&= \frac{V(x)}{\lambda_\mathrm{D}^2}
\end{aligned} \tag{6-1}
$$

由边界条件：

$$x = 0时，\ V(0)=V_0$$

$$x = \infty时，\ V(\infty)=0，$$

求得式（6-1）的解为

$$V(x)=V_0\mathrm{e}^{-x/\lambda_\mathrm{D}} \tag{6-2}$$

由式（6-2）可以看到，此时鞘层的厚度为德拜长度 λ_D。

由于德拜鞘层的厚度就是等离子体抗干扰能力的量化指标，因此我们可以将所引入的干扰物（固体壁）表面附近电位为 e^{-1} 倍所在位置定义为鞘层边缘。

在了解鞘层理论后，我们也要清楚 Langmuir 探针的使用条件及诊断原理[2-4]：

（1）不存在强磁场的干扰；

（2）电子平均自由程 λ_e 和离子的平均自由程 λ_i 都要大于探针尺寸，即等离子体是稀薄的；

（3）探针周围的空间电荷鞘层的厚度比探针尺寸小；

（4）空间电荷鞘层以外的等离子体中的电子和离子速度分布仍都服从麦克斯韦（Maxwell）分布；

（5）电子和离子打到探针表面后都被完全吸收，而不产生次级电子发射，也不与探针材料发生反应；

（6）被测空间是电中性的等离子体空间。

静电探针的结构简单，通常就是一根细的金属丝，除了金属丝尖端的工作部分外，其他都被复套着陶瓷、玻璃等绝缘材料，如图 6.1 所示。等离子体内电子的质量和离子质量有着悬殊的差异，电子的质量很小，而其运动速度却很大。这将导致等离子体中的金属丝上会积累相当数量的负电荷，以致产生明显的负电位差。这个负电位差将排斥电子，而吸收离子，最终在探针表面附近空间形成一个正的空间电荷层（亦称离子鞘）。这个空间电荷层将逐渐增厚，直到最后在单位时间能进入探针表面的电子和离子数达到平衡为止。这时达到探针表面的总电流为零即电子流与离子流大小相等，且探针的负电位不再改变，此时的负电位称悬浮电位（V_F）。当外加电源使探针相对空间电位的电位差 V_P 不等于 V_F 时，就会有电流 I 流过探针，那么通过对探针周围等离子体电荷鞘层的理论分析，可以对图 6.1 所示的探针测量电路及测得的伏安特性曲线图 6.2 做出下述分析。

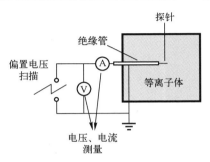

图 6.1　静电探针

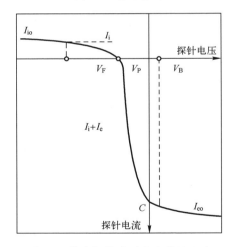

图 6.2　静电探针典型伏安特性曲线

（1）当 $V_P=0$ 时，即图 6.2 中的 C 点，这时空间电荷鞘消失，电子和离子都因无规则的热运动而打到探针上产生电流。若无规则热运动产生的电子电流、离子电流分别为 I_{eo}、I_{io}，则这时的探针电流 I 为

$$I=I_{eo}-I_{io} \qquad (6-3)$$

现在来求 I_{eo}、I_{io} 的大小。

首先，求出在单位时间内，以速度大小 v_e、方向与探针表面法向成 θ 角运动的电子与探针表面单位面积碰撞的次数为

$$\int v_e \cos\theta \mathrm{d}N_e(v_e, \theta, \phi) \tag{6-4}$$

式中，$\mathrm{d}N_e(v_e, \theta, \phi)$ 为电子速率在 v_e 到 $v_e + \mathrm{d}v_e$，方位角在 ϕ 到 $\phi + \mathrm{d}\phi$，仰角在 θ 到 $\theta + \mathrm{d}\theta$ 范围内的密度。另外，根据麦克斯韦速率分布律，有

$$\mathrm{d}N_e(v_e, \theta, \phi) = N_e \left(\frac{m_e}{2\pi k T_e}\right)^{\frac{3}{2}} \exp\left(-\frac{m_e v_e^2}{2k T_e}\right) v_e^2 \mathrm{d}v_e \sin\theta \mathrm{d}\theta \mathrm{d}\phi \tag{6-5}$$

式中，N_e、T_e 分别为鞘层外电子的密度和温度；m_e 为电子质量；k 为玻尔兹曼常数。

将式（6-5）代入式（6-4），并将式（6-4）对 θ、v_e 及 ϕ 求积分，可以得到在单位时间内打到探针表面单位面积上的电子数（电子流密度）为

$$
\begin{aligned}
\varGamma_e &= \int_0^\infty N_e \sqrt{\left(\frac{m_e}{2\pi k T_e}\right)^3} \exp\left(-\frac{m_e v_e^2}{2k T_e}\right) v_e^3 \mathrm{d}v_e \int_0^{\frac{\pi}{2}} \sin\theta\cos\theta \mathrm{d}\theta \int_0^{2\pi} \mathrm{d}\phi \\
&= N_e \times \sqrt{\left(\frac{m_e}{2\pi k T_e}\right)^3} \times \left[\frac{k T_e}{m_e} \times \exp\left(-\frac{m_e v_e^2}{2k T_e}\right) \mathrm{d}v_e^2\right] \times \frac{1}{2} \times 2\pi \\
&= N_e \sqrt{\left(\frac{m_e}{2\pi k T_e}\right)^3} \times \left[\frac{k T_e}{m_e} \times \frac{2k T_e}{m_e}\right] \times \frac{1}{2} \times 2\pi \\
&= \frac{1}{4} N_e \overline{v_e}
\end{aligned}
\tag{6-6}
$$

式中，$\overline{v_e} = \sqrt{\dfrac{8k T_e}{\pi m_e}}$，为电子的平均热速度。如果探针收集电子的有效面积为 S_e，则单位时间内探针表面收集的电子电流为

$$I_{eo} = \frac{1}{4} e N_e \overline{v_e} S_e = \frac{1}{2} e N_e \sqrt{\frac{2k T_e}{\pi m_e}} S_e \tag{6-7}$$

同样，单位时间内探针表面收集的离子饱和流为

$$I_{io} = \frac{1}{4} e N_i \overline{v_i} S_i \tag{6-8}$$

另据低温等离子体特性：$\overline{v_i} \ll \overline{v_e}$，显然 $I_{eo} \gg I_{io}$。

（2）当 $V_P > 0$ 时，探针周围空间将形成电子鞘层，打到探针表面上的离子电流将趋于零，因此探针电流 I 将趋于电子饱和电流 I_{eo}。

$$I_{eo} = \frac{1}{4} e n_e \overline{v_e} S_e = \frac{1}{4} e n_e S_e \sqrt{\frac{8kT_e}{\pi m_e}} = 2.5 \times 10^{-14} n_e S_e \sqrt{kT_e} \quad (A) \quad (6\text{-}9)$$

（3）当 $V_F < V_P < 0$ 时，即在探针伏安特性曲线的中间部分（亦称为过渡区），这时探针电流为电子电流和离子电流之差，但因为电子要克服探针表面负电位 V_P 才能到达探针表面，因而其电子电流将随负电位的增大而减小。由于鞘层外区域的电子速度按麦克斯韦分布，则电子电流随 V_P 的变化规律为

$$I_e = I_{eo} \exp\left(\frac{eV_P}{kT_e}\right), \qquad V_P < 0 \qquad (6\text{-}10)$$

故探针电流为

$$I = I_{eo} \exp\left(\frac{eV_P}{kT_e}\right) - I_{io} \qquad (6\text{-}11)$$

由此求得

$$kT_e = \left| \frac{\mathrm{d}(eV_P)}{\mathrm{d}\ln(I + I_{io})} \right| \qquad (6\text{-}12)$$

式中，kT_e 和 eV_P 均以 eV 为单位。由此可见，由实验测得的半对数特性曲线 $\ln(I + I_{io})$-V_P 的直线部分的斜率，就可求得等离子体电子温度 kT_e。

（4）当 $V_P = V_F$ 时，$I = 0$，即

$$I_{eo} \exp\left(\frac{eV_P}{kT_e}\right) = I_{io} \qquad (6\text{-}13)$$

整理得

$$-\frac{eV_F}{kT_e} = \ln\left(\frac{I_{eo}}{I_{io}}\right) \qquad (6\text{-}14)$$

由此可见，只要实验上测出了悬浮电位 V_F，由上式也可以求出电子温度 kT_e。

（5）当 $V_P < V_F$ 时，电子电流将进一步减少，探针电流趋于离子饱和流 I_{io}。但这时 I_{io} 已不能用式（6-8）表示，这是因为这时探针表面附近离子温度和密度都已发生变化了，它并不等于离子鞘层外等离子体的原有数值。事实上，离子饱和流仍主要与 T_e 有关，并且近似地可用下式表示：

$$I_{io} = Z e S_i n_e \sqrt{-\frac{2eV_S}{m_i}} \exp\left(\frac{eV_S}{kT_e}\right) = \exp\left(-\frac{1}{2}\right) Z e S_i n_e \sqrt{\frac{kT_e}{m_i}} \quad (A) \quad (6\text{-}15)$$

式中，Z 为离子的电荷数；V_S 为鞘层边缘处的电位，$V_S = -\frac{kT_e}{2e}$。此外，由于 I_{io} 与离子温度 T_i 无关，所以由静电探针测量并不能得到有关 T_i 的数据。

总之，根据以上讲解可以确定等离子体电子温度、等离子体密度及探针所在处的空间电位等参数。

图 6.3 为 ICP 刻蚀机反应腔及测量设备安装的结构示意图。静电探针被固定在反应腔的检测窗口处，距离石英窗 20cm。ICP 刻蚀机反应腔其他参数：放电腔直径为 580mm；基台直径为 350mm；射频线圈分为内外两圈，安置于石英窗上方。步进电机可以控制探针探测到晶圆径向不同位置，从而可以获得晶圆上方径向位置的等离子体放电参数。

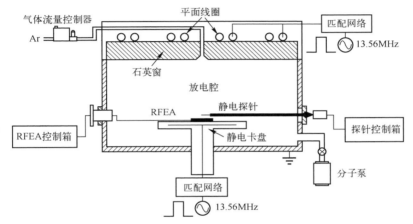

图 6.3　ICP 刻蚀机反应腔及测量设备安装的结构示意图

图 6.4 为不同线圈功率氩气电子密度径向分布曲线。可以看出，晶圆中心区域电子密度最大，沿径向方向电子密度逐渐降低。同时随着射频线圈功率的增大，导致电离率增大，进而电子密度随之增大，电子密度从 $1.75 \times 10^{10} \mathrm{cm}^{-3}$ 增大到 $3.41 \times 10^{10} \mathrm{cm}^{-3}$。

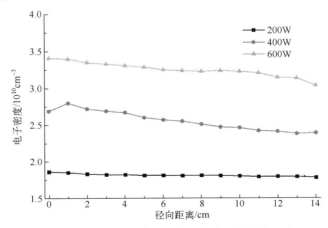

图 6.4　不同线圈功率氩气电子密度径向分布曲线

半导体刻蚀工艺的气压条件一般在几毫托。在低气压下，等离子体中粒子间自由程很长，粒子间发生碰撞的概率很小。在经过鞘层电场加速后，粒子能够获得很好的方向性，以垂直晶圆表面的方向轰击晶圆表面，达到各向异性刻蚀的特殊要求。在低气压下，等离子体电子加热主要以电子的无碰撞加热为主，即随机加热；随着放电气压的增大，电子与中性粒子之间的碰撞频率不断增大，通过碰撞加热来获得的能量逐渐占主导。碰撞加热就是欧姆加热。

图 6.5 为不同放电气压下氩气电子密度径向分布曲线。放电气压对电子密度的分布均匀性有着很大影响。同时，当放电气压从 10mTorr 增大到 50mTorr 时，电子密度也随之增大。

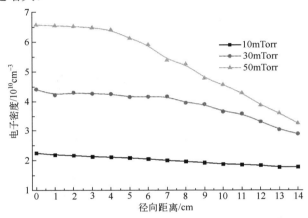

图 6.5　不同放电气压下氩气电子密度径向分布曲线

6.1.2　离子能量分析仪等离子体诊断

在 ICP 等离子体刻蚀工艺中，离子通量和离子能量分布直接影响晶圆的刻蚀速率、刻蚀形貌。对于射频 ICP 源来说，一般线圈施加的功率决定离子通量大小，偏置功率决定离子能量分布，通过优化线圈功率与偏置功率这两个参数的组合，可以实现对离子通量和离子能量分布的控制，继而控制工艺的结果。

减速场离子能量分析仪（Retarding Field Energy Analyzer，RFEA）的工作原理：具有不同能量的正离子到达减速电场后，在不同的扫描电压作用下，检测离子电流大小，得到离子的电流-电压变化曲线，并对曲线求导获得离子能量分布函数（Ion Energy Distribution Function，IEDF）。

减速场离子能量分析仪纽扣探头的内部按垂直方向可以分为五层栅网，为 G0、G1、G2、G3 和 C，结构示意及栅网电压施加示意图如图 6.6 所示。在探头接触等离子体区一面有一系列孔径为几百 μm 的阵列孔，这样既能过滤直径过大的颗粒进入探头，又能保证离子能量准确测量。探头内部施加偏压的检测网由孔

径为几十 μm，由一定透过率的金属镍网和电流收集层组成。为保证测量电压与探头外壳电压相等，G0 栅格直接贴在机壳背面，获得探头表面的偏压电势，同时 G0 层还减小了暴露在等离子体内的探头面积，提高了测量准确性。由于电子会干扰离子能量分布曲线的准确性，G1 栅格的主要作用是抑制电子进入扫描电压栅格层。G2 栅格上施加正的扫描电压，用于甄别不同能量的离子，获取离子能量分布曲线。G3 栅格用于抑制由于离子轰击电流收集层（C 层）产生的二次电子，同时将发生的二次电子重新反射回电流收集层以保证测量结果的准确性。C 层将离子电流收集并记录，同时绘制成关于甄别电压的曲线。需要注意的是：孔径大小的定义是根据等离子体维持的最小尺寸为德拜长度为判据，保证在栅网孔内不会存在等离子体产生而影响检测结果的准确性。对于正离子，主要检测正离子能量分布曲线；对于电子，主要检测电子能量分布曲线，可以同朗缪尔探针检测结果进行对照或补充（高能尾），用于获得电子温度。

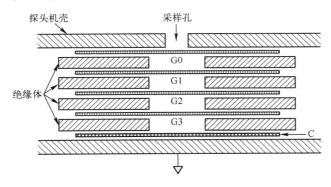

图 6.6　减速场离子能量分析仪纽扣探头结构示意及栅网电压施加示意图

离子能量分析仪甄别离子能量是依靠离子速度在垂直栅网表面方向的速度分量，通过计算离子电流的伏安特性曲线来获得离子能量分布函数。离子电流表达式为

$$I_c = A\tau e \int_{-\infty}^{0} v f(v) \mathrm{d}v \qquad (6\text{-}16)$$

式中，τ 为 RFEA 四层栅网的总透过率系数；v 为离子速度在垂直栅网表面方向的分量；$f(v)$ 为离子速率分布函数。质量为 M 的离子经过电势差为 V_i 的加速电场时，离子速度可以获得的动能为

$$v = \sqrt{\frac{2eV_i}{M}} \qquad (6\text{-}17)$$

当分析仪栅网电极施加的甄别电势为 V 时，C 层所收集的离子电流为

$$I_C = A\tau e \int_{-\infty}^{-\sqrt{\frac{2eV}{M}}} v f(v) \mathrm{d}v \qquad (6\text{-}18)$$

对变量 V 进行差分处理可以得到

$$\frac{dI_C}{dV} = \frac{dI_C}{dv}\left(\frac{e}{Mv}\right) = \left(\frac{e^2 A\tau}{Mv}\right)\frac{d}{dv}\int_{-\infty}^{-\sqrt{\frac{2eV}{M}}} vf(v)dv = \frac{e^2 A\tau}{Mv}f(v) \tag{6-19}$$

由式（6-19）可知，离子速率分布与探头伏安特性曲线的一阶导数成正比。通过分析实验测得的离子能量分布曲线（见图 6.7）可以获得平均离子数密度、平均离子速度和离子平均能量，如式（6-20）～式（6-23）所示。

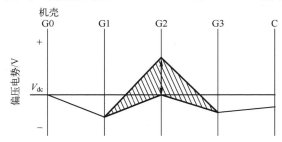

图 6.7   实验测得的离子能量分布曲线

平均离子密度为

$$\overline{n}_i = \int_{-\infty}^{+\infty} f(v)dv = \left(\frac{e}{2M}\right)^{\frac{1}{2}}\int_0^{+\infty}\frac{f(v)}{V^{\frac{1}{2}}}dV \tag{6-20}$$

离子速度由式（6-21）与式（6-22）获得。

$$\langle nv \rangle = \int_{-\infty}^{+\infty} vf(v)dv = \frac{e}{M}\int_0^{+\infty} f(v)dV \tag{6-21}$$

$$\left\langle \frac{Mnv^2}{2} \right\rangle = \int_{-\infty}^{+\infty}\frac{Mv^2}{2}f(v)dv = e\left(\frac{e}{2M}\right)^{\frac{1}{2}}\int_0^{\infty} V^{\frac{1}{2}}f(v)dV \tag{6-22}$$

所以，离子平均能量为

$$\langle E \rangle = \left\langle \frac{Mv^2}{2} \right\rangle - \frac{M}{2}\langle v \rangle^2 \tag{6-23}$$

有些商用的离子能量分析仪既可以进行时间平均模式测量，同时也可进行时间分辨模式测量，因此适用于脉冲模式放电诊断，用于测量离子能量和通量在一个脉冲放电周期内的变化。

实验装置如图 6.3 所示，离子能量分析仪 RFEA 探头放置于晶圆上面，以测量刻蚀过程中的离子通量及离子轰击能量情况。

图 6.8 为氩气离子通量及离子平均能量随放电条件的变化规律曲线。

由图 6.8 可知，离子通量随着线圈功率、偏置功率的增大而增大，随放电气压、线圈电流比例的增大而减小。由于鞘层厚度小于分子自由程，鞘层内离子发生碰撞概率极低，离子速率由鞘层电压幅值决定。鞘层电压会随偏置功率的增大而增大，引起晶圆表面离子通量逐渐增大[5-8]。

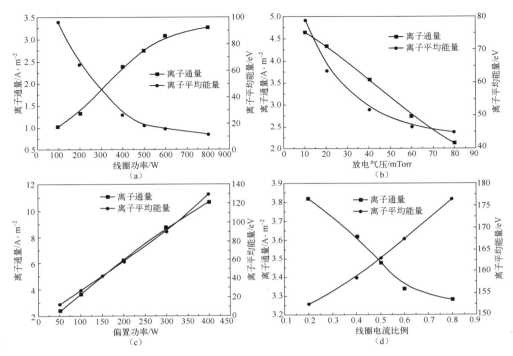

图 6.8　氩气离子通量及离子平均能量随放电条件的变化规律曲线

图 6.9 为离子能量分布随放电气压的变化规律曲线。结果显示离子能量分布呈现双峰形式分布，随放电气压的增大，离子平均能量逐渐减小，离子的高、低能峰的位置均向低能域移动，且离子能量展宽逐渐减小。

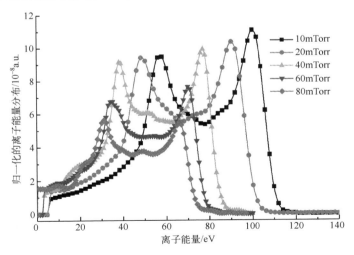

图 6.9　离子能量分布随放电气压的变化规律曲线

6.2 光学发射光谱终点检测技术

6.2.1 终点检测原理

在理想的刻蚀系统中，同一种工艺过程刻蚀同种类型的晶圆应该具有相同的刻蚀速率，刻蚀时间应该相同。但是在真实的刻蚀过程中，即使稳定的系统在刻蚀同种类型的晶圆时也会存在刻蚀速率的随机波动，这样就造成了片与片之间刻蚀的均匀性无法达到要求，甚至会造成废片。因此，利用确定的时间结束刻蚀过程，对刻蚀结果会造成较大的影响，而刻蚀终点的动态实时监控就显得尤为重要[9]。

光学发射光谱（Optical Emission Spectroscopy，OES）检测系统主要是利用等离子体的发射光谱进行终点检测。在刻蚀过程中，参与刻蚀的反应气体和生成气体处于等离子体的状态，处于高能级的粒子跃迁到低能级并向外辐射光谱。

$$A + e \longrightarrow A^* + e \qquad\qquad (6\text{-}24)$$

$$A^* \longrightarrow A + h\upsilon \qquad\qquad (6\text{-}25)$$

式中，A^* 表示粒子 A 的激发态。不同物质发射光谱的波长不同，光谱强度与各气体的密度和产生等离子体的功率有关。同一光谱在刻蚀过程中的强弱随反应物或生成物的量发生变化。当某种气体含量在工艺过程中开始增大时，对应的光谱强度增强；相反当某种气体含量逐渐降低时，对应的光谱强度减弱。

光谱的强度变化可由反应腔侧壁上的观察窗观测到。不同原子或分子所激发的光波波长各不相同，光谱强度的变化反映等离子体中原子或分子浓度的变化。被检测的波长可能会有两种变化趋势：一种是在刻蚀终点时，反应物所发出的光谱强度增强；另一种情形是光谱强度减弱。

例如在多晶硅的刻蚀工艺中[10]，通常主刻蚀时，多晶硅和氧化硅层的选择比大于 20∶1。刻蚀多晶硅时，刻蚀产物中硅含量较多，因此对应的光谱强度较强。当多晶硅层刻蚀结束，氧化硅层露出时，由于刻蚀氧化硅的刻蚀速率较低，刻蚀产物中硅含量较少，因此对应的光谱强度开始较快地减弱。当光谱强度发生了这样的变化，表明刻蚀达到终点，可以停止主刻蚀的过程。

6.2.2 终点检测系统介绍

通常等离子体刻蚀机标准配置的光学发射光谱终点检测设备是一台 CCD 光谱仪，内置了结合多种终点检测算法的数据处理软件。终点检测系统如图 6.10 所示。刻蚀腔室中等离子体发射的光经瞄准镜，汇聚到光纤处。在光谱仪内经过

25μm 的入口狭缝和光学分光光栅后，波长为 200～800nm 全谱的光被分光，不同波长的光照射到 CCD 的不同位置。CCD 的像素为 1024×128，可以得到小于 2.0nm 准确的光学分辨率，并将光学信号转化为电信号，将数据传输至终点检测计算机。

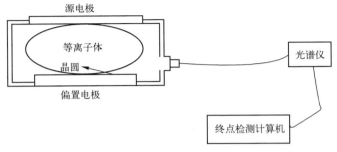

图 6.10　终点检测系统示意图

6.2.3　光学发射光谱检测技术在等离子体刻蚀中的应用

运用光学发射光谱进行谱线检测应注意谱线的选择、光谱数据的处理及终点检测算法的选择等[11]。

1．谱线的选择

谱线的选择应该遵循以下原则：

（1）谱线的变化趋势需要符合工艺过程，即在工艺结束时反应物含量增加，生成物含量降低，将工艺过程中变化最明显的波长作为终点检测波长。

（2）所选波长受其他波长的影响应较小。

（3）所选波长的信噪比较高（至少>5），以免检测终点时发生误判。

（4）所选波长变化趋势需有较好的重复性和可靠性。

在多晶硅刻蚀中常见的谱线选择见表 6.1。

表 6.1　多晶硅刻蚀中常见的谱线选择

波长/nm	物质种类	标　注
405	Si 的卤化物	下降（在主刻蚀到氧化硅时）
520	CO	下降（在主刻蚀到氧化硅时）
483	CO	下降（在主刻蚀到氧化硅时）
703	F	上升（原位干法清洗工艺过程中）
390	SiF_2	下降（在含 F 的工艺过程中）
777	SiF	下降（在含 F 的工艺过程中）
400.9	W	硅化钨刻蚀
578	WF	硅化钨刻蚀

2．光谱数据的处理

原始数据实时性最好，但波动较大，会影响终点判断，所以需要对信号进行滤波处理以消除干扰。常见干扰信号分类见表 6.2。

表 6.2　常见干扰信号分类

分　类	产生原因	信号处理
背景噪声	探测器上的暗电流 光学器件的性能相关 电路中的电噪声	硬件处理：模拟滤波 软件处理：扣除背景方法
随机噪声	光源不稳定、电路中的电噪声	软件滤波处理
输出电信号	输出信号的高频波动和毛刺	硬件电路处理 + 软件滤波

常见数据处理方法介绍见表 6.3。

表 6.3　常见数据处理方法介绍

分　类	原　理	优缺点
积分测量法	由于噪声是对称分布的，其统计平均值为零，其大小符合高斯分布；对于同一信号多次（N 次）采集再平均，信噪比提高了 $\frac{1}{2}N$	此法简单而有效，适用于低强度和低信噪比测量
中值滤波	连续采样 N 次（N 取奇数），把 N 次采样值按大小排列，取中间值为本次有效值	能有效克服因偶然因素引起的波动干扰，对变化缓慢的被测参数有良好滤波效果；不适用于快速变化的参数
滑动平均滤波	把连续取 N 个采样值看成一个队列，队列的长度固定为 N，每次采样到一个新数据放入队尾，并扔掉原来队首的一次数据（先进先出原则），把队列中的 N 个数据进行算术平均运算	对周期性干扰有良好的抑制作用，平滑度高，适用于高频振荡的系统；对偶然出现的脉冲性干扰，抑制作用较差，不适用于脉冲干扰比较严重的场合
中值滤波 + 均值滤波	融合了两种滤波法的优点	中值滤波去除偶然出现的脉冲噪声干扰，均值滤波去除背景噪声和随机噪声干扰
一阶 IIR	本次滤波结果=(1−a)*本次采样值+a*上次滤波结果（取 a=0～1）	对周期性干扰具有良好的抑制作用，适用于波动频率较高的场合；相位滞后，滞后程度取决于 a 值大小
傅里叶、小波滤波	频谱分析，即根据频谱图中的频率成分以及各频率所处谱线大小等信息进行判断	适合高频信号处理，不适于实时数据处理，并且算法相对复杂、耗时

3．终点检测方法介绍

在光学发射光谱检测系统中常用的终点检测方法为阈值（Threshold）法、斜率（Delta-Y）法和非线性主成分分析（Nonlinear Principal Components Analysis，NPCA）法。

在利用这些方法前需要使用延时（delay）命令，即延时一段时间后判断趋势是否满足要求。这主要是因为在工艺刚开始时刻蚀速率及等离子体的状态并没有达到稳定状态，所以这段时间需要被排除。当满足终点判断后，需要发出工艺结束命令，即终点（Endpoint）指令，刻蚀控制软件接到了此命令后自动转换为下一步。

以下具体说明每种算法的设置和应用情况。

（1）阈值法。

阈值分为相对阈值法与绝对阈值法。通常，在工艺刻蚀中一般采用相对阈值法进行 OES 的终点控制。

① 相对阈值法：对于延时（Delay Time）时刻的光谱强度 E_{DT} 和阈值 θ，若当前时刻的光谱强度 E_C 满足如下条件：

$$\left| \frac{E_C - E_{DT}}{E_{DT}} \right| \geqslant \theta$$

则 E_C 即为触发点（Trigger Point）。

② 绝对阈值法：对于延时时刻的光谱强度 EDT 和阈值 η，若当前时刻的光谱强度 E_C 满足如下条件：

$$\left| E_C - E_{DT} \right| \geqslant \eta$$

则 E_C 即为触发点。

图 6.11 为阈值法流程图。

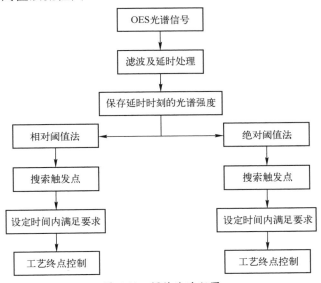

图 6.11　阈值法流程图

图 6.12 为多晶硅刻蚀工艺中，采用相对阈值法抓到的 OES 曲线。延时时间为 40s，谱线波长为 405nm，满足相对数值下降 5%，满足时间 0.4s。此方法简单易实现，在多晶硅刻蚀中很常用，缺点是对延时时间的依赖较强，在判断满足条件时是从延时时刻开始，所以当刻蚀速率不均匀时会造成检测终点不准确。

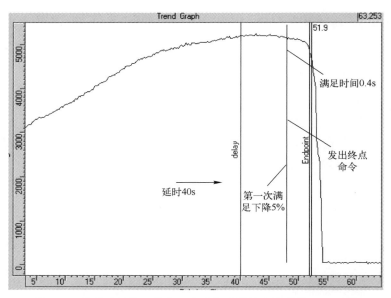

图 6.12　多晶硅刻蚀工艺中，采用相对阈值法抓到的 OES 曲线

（2）斜率法。

斜率法又称为差分法，通过控制光谱强度的变化程度来实现工艺的终点控制。斜率法为多次判断上升或下降趋势的方法，其主要的原则与阈值法相同，但在确定终点前需要经过几次的判断才确定终点。较阈值法，斜率法增加了满足次数以及测试时间段选项。如果满足条件的点在设定的时间内被发现，则开始判断下一个满足条件的点。满足次数即连续满足条件要求的次数。图 6.13 为斜率法流程图。

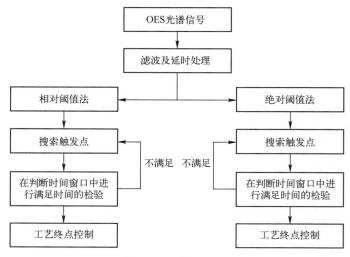

图 6.13　斜率法流程图

图 6.14 为多晶硅刻蚀工艺中，采用斜率法抓到的 OES 曲线。延时时间为 20s，谱线波长为 405nm，满足相对数值下降 1%，1s 内连续判断 5 次，并且 1s 内连续判断的 5 次均满足相对数值下降 1%，蓝色的线（较深色的线）表明满足下降 1% 的条件，红色的线（较浅色的线）表明不满足下降 1% 的条件。

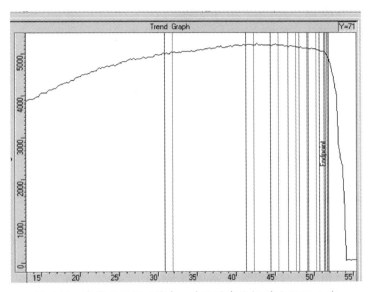

图 6.14　多晶硅刻蚀工艺中，采用斜率法抓到的 OES 曲线

斜率法可以适用于刻蚀速率不均匀的工艺过程，与延时时间关系不大。但由于需要多次满足条件，因此满足条件的次数要根据工艺结果的趋势确定。

（3）NPCA 法。

NPCA 法是利用统计的方法由全谱的信息得到综合的结果，计算的结果可以用于阈值法和斜率法中。此方法综合各谱线的变化趋势并使变化趋势更加明显，因此适用于小开口率的工艺中。在应用此方法时需要用相同膜层结构的数据，并确定刻蚀前后的区域，即可计算得到全谱分析的综合结果。

6.3　激光干涉终点检测技术

6.3.1　激光干涉原理

激光干涉终点（Interferometry End Point，IEP）检测技术是一种基于光的干涉原理的终点控制方法[12]。对于普通的光源，要想得到相干光，只有一种方法，就是设法将同一个原子在同一时刻所发出的一列光波分为几部分，这几部分光波由于来自同一列光波，所以具有相同的频率、固定的位相差，而且存在相互平行的振动分量，即是相干的。光源所发出的大量光波，其中的每一列都与自身干涉，形成一个干涉花样，有一个光强分布；不同的光波之间，则是干涉花样的强度叠加，如图 6.15 所示。

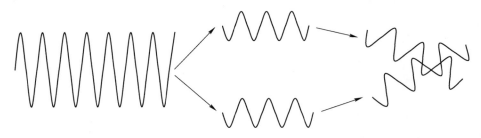

图 6.15　不同光波间干涉花样的强度叠加图

可以用数学表达式表示如下：

在时刻 t，光源中第 i 个原子跃迁发出的波记为 U_i，该列波经分光装置后分为两部分，这两部分是相干的。这两部分到达场点 P 时振幅为 A_{i1}、A_{i2}，位相差为 $\Delta\phi_i$，该原子发出的波在 P 点的干涉强度为 $I_i = A_{i1}{}^2 + A_{i2}{}^2 + 2A_{i1}A_{i2}\cos\Delta\phi_i$，对于点光源和相同的干涉装置，所有原子的 $\Delta\phi_i$ 是相同的。所有原子在 t 时刻发出的波在 P 点形成的总干涉强度为 $I = \sum_{i=1}^{N} I_i = \sum_{i=1}^{N} A_{i1}{}^2 + A_{i2}{}^2 + 2A_{i1}A_{i2}\cos\Delta\phi_i$，可以通过分波前或分振幅的方法得到相干光。

激光干涉终点检测的基本原理是双光束激光干涉测量。分光器将单色激光束分为两束，分别是物体光束和参考光束。由于这两束光之间有一定的光程差，在探测平面上可同时得到时域及空间域上的相位移动，通过一个特殊设计的长焦距光学系统可以将晶圆表面上面积为 1mm^2 的图像投影到 CCD 阵列上。无论晶圆表面形貌如何，晶圆表面各处高度上的差异将直接转化成相应像素点上相位移动的差异。图 6.16 为激光干涉原理示意图。

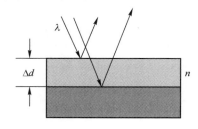

图 6.16　激光干涉原理示意图

当激光垂直入射晶圆表面时，晶圆表面上层薄膜被反射的光线与穿透该薄膜后被下层材料反射的光线相互干涉。在等离子体刻蚀工艺中，对于波长为 λ 的干涉光，在其每个周期内刻蚀掉的晶圆的膜层厚度 $\Delta d = \dfrac{\lambda}{2n}$，$n$ 为发射光穿过膜层的折射率。于是在 t_0 时刻，晶圆膜层被刻蚀掉的厚度为

$$\Delta d = \text{Count} * \lambda/(2n) = \lambda * t_0/(2n) * T$$

被刻蚀掉的膜层厚度与波长及穿过该膜层的折射率有关，所以对光源稳定性的要求非常高。图 6.17 为激光干涉终点检测系统示意图。激光干涉终点检测系统可以实时检测晶圆表面膜层厚度的变化。

激光干涉终点检测系统的技术关键点主要如下：

（1）高性能的光学系统以满足飞速发展的工艺；

（2）高效的数据处理系统以实时监控动态刻蚀终点；

（3）高稳定性的 Xe 灯光源，以保证光强度的稳定。

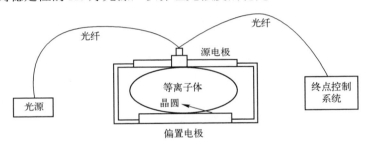

图 6.17　激光干涉终点检测系统示意图

6.3.2　IEP 算法介绍

1. IEP 终点算法的原理

现阶段 IEP 终点的采集主要由波峰与波谷（Peak and Valley）方法和周期计算（Fringe Count，FC）方法两种方法来实现。

波峰与波谷方法包括单波峰波谷方法和多波峰波谷方法。这类方法的基本原理：在工艺进行步骤切换的过程中，IEP 的终点信号一般会出现明显的变化趋势（光谱信号急剧上升或急剧下降），在光谱信号曲线上形成一些特性鲜明的拐点，即光谱信号的波峰与波谷。波峰与波谷方法正是基于光谱信号的这一特性（终点信号一般都处于光谱信号的局部极值点或全局极值点），通过搜索光谱信号上的局部极值点和全局极值点，来准确地实现 IEP 终点信号的采集。

周期计算方法首先确定 IEP 信号监控窗口，每一时刻（由信号采样频率决

定，这里采样频率为 5Hz，即每一时刻为 0.2s）利用快速傅里叶方法变换该窗口内的实时信号，将时域信号变换成频域信号，在频幅图中找到幅值最大的频率 F_{max}，此时刻信号的周期 $T=1/F_{max}$，从而计算出该时刻的周期数 Count。通过此法可以较准确地计算出每一时刻 IEP 信号的周期和周期数，而被刻蚀膜层的深度 depth 又与每一时刻的周期数相关（depth=Count* $\frac{\lambda}{n}$，λ 为 IEP 信号的波长，n 为此膜层的折射率），因此通过实时计算被刻蚀膜层的深度来进行终点控制。

波峰与波谷方法较适用于刻蚀膜层厚度较薄、各条谱线周期在 1 个周期左右的情况，如栅极刻蚀等。周期计算法较适用于刻蚀膜层厚度较厚，谱线周期大于 1 的情况，例如 STI、回刻工艺等。

2. IEP 终点算法的流程

（1）波峰与波谷方法的基本流程。

① 光谱信号的滤波（建议信号滤波采用中位值滤波法、一阶滞后滤波法）。

② 光谱信号的趋势判断（终点先呈上升趋势还是下降趋势）。

③ 波峰与波谷信号的判断（光谱信号强度的局部极值或全局极值）。这一步骤主要包含以下两种情形：若光谱信号先呈现出上升的趋势，则波峰与波谷的搜索信号为波峰—波谷—波峰—波谷—波峰—波谷—波峰—波谷；若光谱信号先呈现出下降的趋势，则波峰与波谷的搜索信号为波谷—波峰—波谷—波峰—波谷—波峰—波谷—波峰。

④ 在判断波峰与波谷信号的过程中，必须进行最小半周期的检验，即对于搜索到的第 i 个波峰（或波谷），其与第（i-1）个波谷（或波峰）之间的时间差必须要不小于用户设置的最小半周期，否则必须重新搜索。

（2）信号周期方法的基本流程。

① 光谱信号的滤波（建议信号滤波采用中位值滤波法、一阶滞后滤波法）。

② 波峰与波谷信号的判断（光谱信号强度的局部极值或全局极值）。

③ 光谱信号周期的计算（光谱信号的周期等于一个周期内波峰时刻减去波谷时刻的绝对值的两倍）。

3. IEP 算法的程序设计

IEP 终点采集算法程序（主要指波峰与波谷方法）设计应注意的问题：（1）外部功能接口的设计；（2）光谱信号趋势的判断方法设计；（3）波峰与波谷判断方法的设计。具体来讲，各部分设计应注意以下几个问题：

（1）外部功能接口设计必须包括的功能有 Delay Time 的设置、最小周期间隔（波峰与波谷之间的最短间隔时间）的设置、查询波峰或波谷的设置，以及查询第几个波峰或波谷的设置。

（2）光谱信号趋势的判断方法主要采用连续 n 点信号的光强值与基准点光强值的差值进行判断。这一步骤的核心与关键就是参数 n 的确定（建议参数 n 的设置区间为[6, 8]）。若连续 n 点信号的光强值与基准点光强值的差值都大于 0，说明光谱信号呈上升趋势；反之若连续 n 点信号的光强值与基准点光强值的差值都小于 0，说明光谱信号呈下降趋势。

（3）波峰与波谷的判断主要采用目标点的左右连续 m 点信号的光强值与目标点光强值的差值来实现。这一步骤的核心与关键是参数 m 的确定（需要与（2）中 n 相同）。若目标点的左右连续 m 点信号的光强值与目标点光强值的差值都大于 0，说明目标点为局部最大值或全局最大值，即默认为光谱信号的波峰；反之若目标点的左右连续 m 点信号的光强值与目标点光强值的差值都小于 0，则说明目标点为局部最小值或全局最小值，即默认为光谱信号的波谷。

（4）最小半周期的设置与判断，为了避免算法将光谱信号的一些噪声点误抓为波峰或波谷，在外部接口中必须要设置一最小半周期。若搜索到的第 i 个波峰（或波谷）与第 $i-1$ 个波谷（或波峰）之间的时间差小于外部设置的最小半周期时，则重新向前搜索波峰（或波谷）。最小半周期一般根据经验设置。

参 考 文 献

[1] Lieberman M A. Analytical solution for capacitive RF sheath[J]. Plasma Science IEEE Transactions, 1988, 16(6):638-644.

[2] Lieberman M A, Lichtenberg A J. Principles of plasma discharges and materials processing[M]. John Wiley & Sons, 2005.

[3] Chen F F. Langmuir probe analysis for high density plasmas[J]. Physics of Plasmas, 2001, 8(6):3029-3041.

[4] Gahan D, Dolinaj B, Hopkins M B. Comparison of plasma parameters determined with a Langmuir probe and with a retarding field energy analyzer[J]. Plasma Sources Science & Technology, 2008, 17(3):035026.

[5] 项志遴，俞昌旋. 高温等离子体诊断技术[M]. 上海：上海科学技术出版社，1982.

[6] Gahan D, Dolinaj B, Hopkins M B. Retarding field analyzer for ion energy distribution measurements at a radio-frequency biased electrode[J]. Review of Scientific Instruments, 2008, 79(3): 033502.

[7] 陈文聪. 电容耦合等离子体中离子能量分布的研究[D]. 北京：清华大学，2014.

[8] 狄小莲，辛煜，宁兆元. 平板型感应耦合等离子体源的线圈配置对功率耦合效率的影响[J]. 物理学报，2006，55(10): 5311-5317.

[9] Ward P P. Plasma process control with optical emission spectroscopy[C]// International Electronics Manufacturing Technology Symposium. IEEE, 1995, And Futureapos; Seventeenth IEEE/CPMT International,1995:166-169.

[10] Donnelly V M, Malyshev M V, Schabel M , et al. Optical plasma emission spectroscopy of etching plasmas used in Si-based semiconductor processing[J]. Plasma Sources Science & Technology, 2002, 11(3A): A26.

[11] White D A, Goodlin B E, Gower A E, et al. Low open-area endpoint detection using a PCA-based T2statistic and Q statistic on optical emission spectroscopy measurements[J]. IEEE Transactions on Semiconductor Manufacturing, 2000, 13(2): 193-207.

[12] 王巍，兰中文，吴志刚，等. 基于 IEP 的高密度等离子体刻蚀过程终点检测技术[C]// 二〇〇六年全国光电技术学术交流会，2006.

第7章

等离子体仿真

随着微电子加工业的快速发展，晶圆的加工要满足大面积、快速、均匀加工的要求，这就要对刻蚀机结构进行持续的改进。半导体刻蚀机是一种十分复杂的机台，其中发生的等离子体放电本身就是一个复杂的物理过程，再加上刻蚀过程中进行的更为复杂的化学反应过程，使得满足工艺需求的刻蚀机的设计变得非常困难。要获得大面积、均匀分布的、满足工艺要求的等离子体源，通常都是通过实验摸索和经验总结来实现的，这使得刻蚀机设计和优化的周期非常长，费用也相当高。为了加快研发和降低研发成本，国际上一些大的刻蚀设备生产商，如 Lam 公司，通常结合等离子体仿真和探针诊断的方法进行等离子体刻蚀设备研发。他们通过仿真和诊断得到不同的等离子体参数，包括 RF 功率、腔室形状尺寸、线圈结构、腔室气压等，通过这些仿真和诊断结论来优化设计大面积刻蚀设备。

等离子体仿真有利于从理论上弄清楚外部参数对产生的等离子体甚至是最终刻蚀的影响，便于总结出满足工艺需求的外部参数，如线圈结构、腔室结构、外加电源参数、腔室气压、抽进气方式等。另外，对于工艺过程中遇到的一些问题，等离子体仿真可以给出定性甚至定量的解释，有助于解决问题。

7.1 刻蚀机涉及的物理场

7.1.1 等离子体场

1. 等离子体仿真方法

半导体刻蚀工艺是利用等离子体中的高能离子或者激发态粒子来完成的，因此如果能够得到等离子体中的高能离子、激发态粒子等的密度分布云图、能量分布函数、运动轨迹等，对于刻蚀工艺的优化改进是非常有意义的。这些与等离子体相关的参数可以通过数值仿真的方法来得到。等离子体仿真通常包含以下三种方法：

（1）动力学方法。

动力学方法通过求解玻尔兹曼（Boltzman）方程或者近似的福克（Fokker）-普朗克（Planck）方程，以及拉格朗日方程得到等离子体中电子和离子的分布函数。动力学方法求解电子位置和速度的常微分方程（Ordinary Differential Equation，ODE）使用质点网格法（Particle In Cell，PIC）算法，优势是允许电子能量分布函数为能量空间的任意形状，同时可以显示出一些流体模型中没有的特性；缺点是与任意等离子体化学的关联比较困难且计算成本较高。

（2）流体近似方法。

流体近似方法通过假设特定形式的分布函数和考虑玻尔兹曼方程的矩，用宏观物理量来描述等离子体分布。这种方法可以使用有限元方法求解偏微分方程，其优势在于可以非常有效地求解对应方程，并定义任意复杂的等离子体化学过程；同时可以非常方便地实现等离子体场与电磁场之间的耦合，因为电磁场也可以使用有限元方法进行求解。

（3）混合方法。

混合方法把等离子体某些组分看作流体，其他部分作为动力学问题来进行处理。一般通过福克-普朗克方程或蒙特卡洛（Monte Carlo）方法来分析电子的动力学特性，通过流体模型来计算离子和其他重物质粒子的输运特性。因此，混合方法可以看作精度较高的动力学模型和快速、方便的流体模型的耦合。

本节重点介绍等离子体流体力学近似的相关理论方程。

2. 等离子体的流体近似方程

我们将等离子体中的粒子分为电子和重物质粒子两大类，分别采用两类方程来描述等离子体形成过程中的电子及其他粒子的演化。

通常来说电子的输运由玻尔兹曼方程来描述，该方程是六维相空间（r, v）的非局部连续方程，是一个非常复杂的微积分方程，目前来说想要有效地求解这个方程几乎是不可能的。如果将玻尔兹曼方程乘以一个权函数并且在速度空间进行积分，就可以得到近似的流体方程，该方式将玻尔兹曼方程简化为一个三维的时域方程。流体方程将电子密度、电子平均通量和电子平均能量描述为空间和时间的相关函数。

电子密度相关的偏微分方程如下：

$$\frac{\partial}{\partial t}(n_e) + \nabla \cdot \Gamma_e = R_e \tag{7-1}$$

式中，n_e 为电子密度；Γ_e 为电子通量；R_e 为源项或者汇项。

电子通量相关的偏微分方程如下：

$$\frac{\partial}{\partial t}(n_e m_e \boldsymbol{u}_e) + \nabla \cdot n_e m_e \boldsymbol{u}_e \boldsymbol{u}_e^{\mathrm{T}} = -(\nabla \cdot \boldsymbol{p}_e) + q n_e \boldsymbol{E} - n_e m_e \boldsymbol{u}_e \nu_m \quad (7\text{-}2)$$

式中，m_e 为电子质量（kg）；$\boldsymbol{u}_e$ 为电子漂移速度（m/s）；$\boldsymbol{p}_e$ 为电子压力张量（Pa）；q 为电子电量（C）；$\boldsymbol{E}$ 为电场强度（V/m）；ν_m 为动量转换频率（1/s）。

式（7-1）中的电子通量 Γ_e 表达式来自动量守恒方程式（7-2）。假定电离和吸附频率以及角频率远小于动量传递频率，式（7-2）的左侧第一项可以忽略。在电子漂移速度小于热运动速度的情况下，式（7-2）左侧的第二项也可以忽略。对于麦克斯韦分布，压力项 $\boldsymbol{p}_e$ 可以用下面的状态方程来表示。

$$\boldsymbol{p}_e = n_e k_B T_e \boldsymbol{I} \quad (7\text{-}3)$$

式中，k_B 为玻尔兹曼常数；$\boldsymbol{I}$ 为单位矩阵；T_e 为电子温度。根据这些假设，可以推导出电子漂移速度的表达式：

$$\boldsymbol{u}_e = -\frac{k_B}{m_e \nu_m}\nabla T_e - \frac{k_B T_e}{n_e m_e \nu_m}\nabla n_e + \frac{q}{m_e \nu_m}\boldsymbol{E} \quad (7\text{-}4)$$

定义电子通量：

$$\Gamma_e = n_e \boldsymbol{u}_e = -(\mu_e \cdot \boldsymbol{E})n_e - \nabla(D_e n_e) \quad (7\text{-}5)$$

$$\mu_e = \frac{q}{e_e \nu_m}$$

$$D_e = \frac{k_B T_e}{n_e m_e \nu_m}$$

式中，μ_e 为电子迁移率（m^2/(V·s)）；D_e 为电子的扩散系数（m^2/s）。

假设有 M 个产生或者消耗电子的反应，以及 P 个电子和中性物质的非弹性碰撞反应，一般来说 $P \gg M$。在使用速率常数的情况下，电子密度方程的源项由下式给出：

$$R_e = \sum_{j=1}^{M} x_j k_j N_n n_e \quad (7\text{-}6)$$

式中，x_j 为第 j 个反应的反应物的摩尔分数；k_j 为第 j 个反应的速率常数（m^3/s）；N_n 为总中性物质数密度（1/m^3）。当使用汤森系数时，电子源项由下式给出：

$$R_e = \sum_{j=1}^{M} x_j \alpha_j N_n |\Gamma_e| \quad (7\text{-}7)$$

式中，α_j 为第 j 个反应的汤森系数（m^2）；Γ_e 为由式（7-5）定义的电子通量（$1/(m^2 \cdot s)$）。在类似直流放电情况下，电子通量主要是电场引起的迁移通量，汤森系数可以增加模型的数值稳定性。

除描述电子密度变化的方程之外，还需要电子能量密度的相关方程：

$$\frac{\partial}{\partial t}(n_\varepsilon) + \nabla \cdot \Gamma_\varepsilon + E \cdot \Gamma_e = S_{en} + (Q + Q_{gen})/q \qquad (7-8)$$

式中，n_ε 为电子能量密度（eV/m^3）；Γ_ε 为电子能量密度的通量（$eV/m^2 \cdot s$）；S_{en} 为非弹性碰撞引起的损失或获得的电子能量（$eV/m^3 \cdot s$）；Q 为外部热源（W/m^3）；Q_{gen} 为广义热源（W/m^3）。

电子能量密度的通量 Γ_ε 可以由下式表示：

$$\Gamma_\varepsilon = -(\mu_\varepsilon \cdot E)n_\varepsilon - \nabla(D_\varepsilon n_\varepsilon) \qquad (7-9)$$

式中，μ_ε 为电子能量迁移率，它是可以是标量或张量形式（$m^2/(V \cdot s)$）；E 为电场强度（V/m）；D_ε 为电子能量扩散系数（m^2/s）。

与电子密度相关方程类似，电子能量密度相关方程右边的源项表达式如下：

$$S_{en} = \sum_{j=1}^{P} x_j k_j N_n n_e \Delta\varepsilon_j \qquad (7-10)$$

式中，$\Delta\varepsilon_j$ 为第 j 个反应的能量损失（eV）。同理，当采用汤森系数表示时，能量损失项为

$$S_{en} = \sum_{j=1}^{P} x_j \alpha_j N_n |\Gamma_e| \Delta\varepsilon_j \qquad (7-11)$$

由非弹性碰撞引起的能量损失是非常最重要的参数，如果这个参数的定义有问题，会导致严重的数值问题，出现模型不收敛。

电子平均能量通过可以通过下式求得。

$$\overline{\varepsilon} = \frac{n_\varepsilon}{n_e} \qquad (7-12)$$

速率常数 k_j 和汤森系数 α_j 与电子平均能量 $\overline{\varepsilon}$ 呈指数关系，当电子能量满足麦克斯韦电子能量分布函数（Electron Energy Distribution Function，EEDF）时，速率常数和汤森系数可以由如下表达式给出。

$$k_j = A\overline{\varepsilon}^\beta e^{-E/\overline{\varepsilon}} \qquad (7-13)$$

式中，A 为函数拟合得到的一个常数；E 为电子能量。

通常反应速率常数可以通过等离子体化学反应体系中电子碰撞反应的截面数据来计算。

大多数情况下我们采用电子温度（T_e）来等效表示电子平均能量，电子温度的表达式为

$$T_e = \left(\frac{2}{3}\right) \overline{\varepsilon} \tag{7-14}$$

以上关于电子的流体方程适用于气压高于约 10mTorr（1.33Pa），且约化电场不是特别大（通常小于 500Townsend）的情况。此外，带电物质的数密度应远小于背景气体的数密度，也就是说放电必须是弱电离的；而且等离子体也必须是由碰撞主导的，这意味着电子和背景气体之间的平均自由程必须远小于系统的特征尺寸。

除了前面介绍的电子相关的输运方程，想要描述等离子体行为还需要用到另外一组非常重要的描述除电子外的重物质粒子的方程。实际上，从简单的反应、对流、扩散方程到 Maxwell-Stefan（有时称为 Stefan-Maxwell）方程，有许多不同的方程可用于描述重物质输运。Maxwell-Stefan 方程是唯一同时确保系统质量守恒并且满足许多辅助约束条件的方程，该方程考虑了由摩尔分数、压力和温度梯度引起的扩散运动。Maxwell-Stefan 方程的计算量随着物质数量快速增长，通常物质数量大于 6 时计算量就非常大了。而实际在等离子体中，可能有 20 多种中性物质和激发态物质，因此求解完整的 Maxwell-Stefan 方程是不切实际的。

我们采用混合物平均和菲克（Fick）定律两种不同的扩散模型。其中混合物平均模型满足质量守恒的所有标准，但与完整的 Maxwell-Stefan 方程相比，其求解成本要低得多；而菲克定律使用更简单的扩散模型，它不如混合物平均模型准确，但计算成本更低。

假设等离子体反应由 $k=1, \cdots, Q$ 种物质和 $j=1, \cdots, N$ 个反应组成。第 k 种物质的输运由以下方程描述：

$$\rho \frac{\partial}{\partial t}(\omega_k) + \rho(\boldsymbol{u} \cdot \nabla)\omega_k = \nabla \cdot \boldsymbol{j}_k + R_k \tag{7-15}$$

$$\boldsymbol{j}_k = \rho \omega_k \boldsymbol{V}_k$$

$$\boldsymbol{V}_k = D_{k,m} \frac{\nabla \omega_k}{\omega_k} + D_{k,m} \frac{\nabla M_n}{M_n} + D_k^T \frac{\nabla T}{T} - z_k \mu_{k,m} \boldsymbol{E}$$

式中，$\boldsymbol{j}_k$ 为扩散通量矢量（kg/(m² · s)）；R_k 为第 k 种物质的反应速率（kg/(m³·s)）；$\boldsymbol{u}$ 为质量平均流速矢量（m/s）；ρ 为混合物的密度（kg/m³）；ω_k 为第 k 种物质的质量分数；$\boldsymbol{V}_k$ 为第 k 种物质的多组分输运速度（m/s）；$D_{k,m}$ 为混合物平均扩散系数（m²/s）；M_n 为混合物的平均摩尔质量（kg/mol）；T 为气体温度（K）；D_k^T 为第 k 种物质的热扩散系数（kg/(m·s)）；z_k 为第 k 种物质的电荷数；$\mu_{k,m}$ 为第 k 种物质的混合物平均迁移率（m²/(V·s)）。

将所有物质的质量分数除以摩尔质量然后求和就可以得到平均摩尔质量 M_n，表达式如下：

$$\frac{1}{M_{\mathrm{n}}} = \sum_{k=1}^{Q} \frac{\omega_k}{M_k} \tag{7-16}$$

第 k 种物质的混合物平均扩散系数 $D_{k,\mathrm{m}}$ 定义如下：

$$D_{k,\mathrm{m}} = \frac{1-\omega_k}{\sum_{j=1}^{Q} x_i / D_{ki}} \tag{7-17}$$

式中，摩尔分数 x_i 可以根据第 i 种物质的质量分数和平均摩尔质量可以计算得到，计算公式如下：

$$x_i = \frac{\omega_i}{M_i} M_{\mathrm{n}} \tag{7-18}$$

式（7-17）中的 D_{ki} 是第 k 种物质和第 i 种物质之间的二元扩散系数，是描述物质运动属性的相当复杂的函数，表达式如下：

$$D_{ki} = 2.66 \times 10^{-2} \times \frac{\sqrt{T^3 (M_k + M_i) / (2 \times 10^{-3} M_k M_i)}}{p \sigma_{ki}^2 \Omega_{\mathrm{D}}} \tag{7-19}$$

式中，M_k 为第 k 种物质的摩尔质量（kg/mol）；M_i 为第 i 种物质的摩尔质量（kg/mol）；T 为温度（K）；p 为压力（Pa）；σ_{ki} 为第 i 种物质对第 k 种物质 Lennard-Jones/Stockmayer 势的特征长度（Å）；Ω_{D} 为碰撞积分，相应的表达式在文献[1]和文献[2]有论述。

通常，混合平均迁移率 $\mu_{k,\mathrm{m}}$ 可以使用爱因斯坦关系式来计算：

$$\mu_{k,\mathrm{m}} = \frac{q D_{k,\mathrm{m}}}{k_{\mathrm{B}} T} \tag{7-20}$$

式中，q 为单位电荷（C）；k_{B} 为玻尔兹曼常数（J/K）。

通过在式（7-17）的右侧添加一项，可以将多组分输运速度 V_k 修正为

$$V_k = D_{k,\mathrm{m}} \frac{\nabla \omega_k}{\omega_k} + D_{k,\mathrm{m}} \frac{\nabla M_{\mathrm{n}}}{M_{\mathrm{n}}} + D_k^T \frac{\nabla T}{T} - z_k \mu_{k,\mathrm{m}} \boldsymbol{E} + \sum_j \frac{M_j}{M_{\mathrm{n}}} D_{j,\mathrm{m}} \nabla x_j \tag{7-21}$$

当采用上式修正之后的输运速度时，问题的非线性会更强，因此仅当混合气体组分的分子量有着显著区别时才使用，如六氟化硫和氢气的混合气体。

而 Fick 定律的输运模型则简单很多，其中输运速度定义如下：

$$V_k = D_{k,\mathrm{f}} \frac{\nabla \omega_k}{\omega_k} + D_{k,\mathrm{f}} \frac{\nabla M_{\mathrm{n}}}{M_{\mathrm{n}}} + D_k^T \frac{\nabla T}{T} - z_k \mu_{k,\mathrm{f}} \boldsymbol{E} \tag{7-22}$$

式中，$D_{k,\mathrm{f}}$ 为每一种物质的扩散系数，需要针对每一种物质分别指定其扩散系数。同样的，迁移率也可以根据爱因斯坦关系求得，表达式为

$$\mu_{k,\mathrm{f}} = \frac{q D_{k,\mathrm{f}}}{k_{\mathrm{B}} T} \tag{7-23}$$

由于不需要像混合物平均模型一样求解式（7-17）得到扩散系数，因此菲克定律模型要简单很多。

除了基于爱因斯坦关系根据扩散系数求得迁移率外，还可以通过如下方式来得到离子的迁移率：

（1）直接给定迁移率和约化电场之间的插值表；

（2）Dalgarno 迁移率模型；

（3）高场强迁移率模型。

Dalgarno 迁移率模型中的迁移率为

$$\mu_k = \frac{0.0438}{\sqrt{\alpha m_\mathrm{r}}} \frac{N_0}{N_\mathrm{n}} \qquad (7\text{-}24)$$

$$m_\mathrm{r} = \frac{M_\mathrm{n} M_k}{M_\mathrm{n} + M_k}$$

式中，α 为背景原子极化率；N_0 为标准气体（273.15K 和 760Torr 下）的数密度，$N_0 = 2.69 \times 10^{25} \mathrm{m}^{-3}$；$m_\mathrm{r}$ 为第 k 种物质的约化质量；M_k 为第 k 种物质的摩尔质量；M_n 为混合物的平均摩尔质量。

Dalgarno 迁移率模型是经典 Langevin 理论的极化率极限。该迁移率模型可以给出 Ar、Kr、Xe、N_2 和 H_2 中碱金属离子的合理迁移率值。但是在共振电荷交换对离子输运有显著影响时，不应使用该模型。此外，Dalgarno 迁移率模型也仅适用于离子热速度远大于离子迁移速度的小电场强度情况下。请注意，该模型下离子迁移率和场强无关，离子迁移速度与场强呈正比。

高场强迁移率模型中的迁移率计算公式为

$$\mu_k = \sqrt{\frac{2q|z|}{\pi \dfrac{M_k}{N_\mathrm{A}} N_\mathrm{n} \sigma |\boldsymbol{E}|}} \qquad (7\text{-}25)$$

式中，σ 为表征离子-原子相互作用的截面（m^2）；N_A 为阿伏伽德罗常数。当电场强度足够高，使得离子迁移速度远大于热运动时，该模型是有效的。该模型的离子迁移速度正比于 $\sqrt{|\boldsymbol{E}|/N_\mathrm{n}}$，这个量经常用于高场极限实验中。

当迁移率采用上述模型计算时，扩散系数可以根据爱因斯坦关系给出。

$$D_k = \frac{k_\mathrm{B} T}{q} \mu_k \qquad (7\text{-}26)$$

离子温度可以通过下式来计算。

$$T_\mathrm{i} = T + \left(\frac{M_k + M_\mathrm{n}}{5M_k + 3M_\mathrm{n}} \right) \frac{M_\mathrm{n}}{k_\mathrm{B}} (\mu \cdot \boldsymbol{E}) \cdot (\mu \cdot \boldsymbol{E}) \qquad (7\text{-}27)$$

质量守恒要求所有物种的质量分数之和必须等于 1，因此在存在 Q 种物质的等离子体中，我们仅需要求解 $Q-1$ 种物质所对应的简化的 Maxwell-Stefan 方程，剩下的一种物质的质量分数 ω_Q，可以通过下式来计算：

$$\omega_Q = 1 - \sum_{k=1}^{Q-1} \omega_k \tag{7-28}$$

式（7-15）右侧的速率 R_k 可以通过下式计算：

$$R_k = M_k \sum_{j=1}^{N} \upsilon_{kj} r_j \tag{7-29}$$

式中，υ_{kj} 为化学计量矩阵；r_j 为第 j 个反应的反应速率。反应速率取决于反应阶次和每种物质的摩尔浓度，具体表达如下：

$$r_j = k_{\mathrm{f},j} \prod_{k=1}^{Q} c_k^{\upsilon'_{kj}} - k_{\mathrm{r},j} \prod_{k=1}^{Q} c_k^{\upsilon''_{kj}} \tag{7-30}$$

$$c_k = \frac{\omega_k \rho}{M_k}$$

式中，c_k 为第 k 种物质的摩尔浓度（mol/m^3）；$k_{\mathrm{f},j}$ 为第 j 个正向反应的速率系数（一阶反应的单位为 1/s，二阶反应的单位为 m^3/(mol·s)，三阶反应的单位为 m^6/(mol^2·s)）；υ'_{kj} 为相应正向反应的化学计量系数；υ''_{kj} 为相应逆反应的化学计量系数；ω_k 为第 k 种物质的质量分数。

速率系数 k_j（包含正向速率系数 $k_{\mathrm{f},j}$ 和逆向反应系数 $k_{\mathrm{r},j}$）与气体温度呈指数关系，满足阿仑尼乌斯（Arrhenius）定律：

$$k_j = A_j T^{\beta_j} \exp\left(-\frac{E_j}{RT}\right) \tag{7-31}$$

式中，A_j 为第 j 个反应的频率因子；β_j 为温度指数；E_j 为第 j 个反应的活化能。

以上讨论的重物质输运相关的方程是有一定适用条件，只有满足如下条件的等离子体过程才能使用本小节讨论的重物质输运理论来描述。

（1）物质扩散速度必须远小于热运动速度。在极低气压的 CCP 反应器中，离子迁移速度可以接近甚至超过离子热速度。在这种情况下，重物质输运方程将不成立。

（2）所有的重物质只有一个温度。在具有高约化电场的反应器中，离子的温度可以和周围气体的温度不同。在这种情况下，重物质输运方程也将不成立。

7.1.2　电磁场

根据等离子体流体近似理论可知，不论是电子还是离子的输运方程都包含了电迁移项，可见电磁场的分布将直接影响等离子体的产生过程。因此，有必要介绍等离子体过程中涉及的电磁场。

1. 容性耦合等离子体中的电磁场

在容性耦合等离子体中，我们求解瞬态的静电场方程，依此来考虑电子受到"瞬时"电场的影响，对应的静电场方程如下：

$$-\nabla \cdot_0 \varepsilon_{\mathrm{r}} \nabla V = \rho \tag{7-32}$$

式中，V 为标量电势，属于求解的变量；ε_0 为真空介电常数；ε_{r} 为相对介电常数；ρ 为空间电荷密度，根据等离子体中的带电物质的电荷数以及数密度进行计算。ρ 的公式为

$$\rho = q\left(\sum_{k=1}^{N} Z_k n_k - n_{\mathrm{e}}\right) \tag{7-33}$$

式中，q 为电子电荷量；Z_k 为第 k 种带电物质的电荷数，当所带电荷为正时，Z_k 为正，当所带电荷为负时，Z_k 为负；n_k 为第 k 种带电物质的数密度；n_{e} 为电子密度。以上这些量可以通过求解等离子体场的电子输运和重物质输运方程得到。

式（7-32）也称为泊松方程，虽然其是一个和时间无关的稳态方程，但是在等离子体演化过程中方程右侧的空间电荷密度是随时间变化的；此外，由于容性耦合等离子体装置中，电极板施加的是射频信号，因此电极板的电势也是随时间变化的。由此整个等离子体放电过程中，电势 V 也是随时间变化的。

根据泊松方程求解得到电势之后，可以根据下式计算得到电场 E。

$$E = -\nabla V \tag{7-34}$$

求得电场 E 就可以将其代入电子和重物质的输运方程中，考虑其对等离子体中带电物质输运的影响。

2. 感性耦合等离子体中的电磁场

感性耦合等离子体仿真是通过求解频域电磁场方程得到感应电流，因此仿真的时间步长可远大于射频信号的周期，使得在等离子体达到准稳态的总计算时间步数可以非常少，计算速度相对要快很多。通过求解如下频域方程得到感应电流。

$$(\mathrm{j}\omega\sigma - \omega^2 \varepsilon_0 \varepsilon_r)A + \nabla \times (\mu_0^{-1}\nabla \times A) = J^{\mathrm{e}} \tag{7-35}$$

式中，A 为磁矢势，是该方程求解的变量；ω 为射频信号的角频率；σ 为电导

率，需要根据电子密度等等离子体参数来计算，具体会在 7.2 节作进一步介绍；ε_0 为真空介电常数；ε_r 为相对介电常数；μ_0 为真空磁导率；$\boldsymbol{J}^e$ 为外部电流密度。求得磁矢势 $\boldsymbol{A}$ 之后，我们可以根据下式分别求出磁场强度 $\boldsymbol{B}$ 和电场强度 $\boldsymbol{E}$。

$$B = \nabla \times A \tag{7-36}$$

$$E = -\mathrm{j}\omega\frac{\partial A}{\partial t} \tag{7-37}$$

相应的，可以根据下式计算电流密度：

$$J = \sigma E \tag{7-38}$$

式中，σ 为等离子体电导率。

基于电流密度和电场强度，根据下式可以计算电子受到的欧姆热量。

$$Q = J \cdot E \tag{7-39}$$

这实际上就是电子沉积的功率，将作为电子平均能量密度方程的源项，描述电子从电磁场中获得的能量。

对于二维轴对称模型，射频线圈产生的磁场只有面内（rz 平面）的分量，而高频交变的电场仅有面外（φ 方向）的分量，使得电子仅在 φ 方向上进行振荡运动。在这种情况下，方程会更加简化，并且在等离子体的电子输运方程和重物质输运方程中也仅仅考虑电场的影响。

7.1.3 流场

等离子体刻蚀机的反应腔内部需要维持特定的气体氛围。等离子体腔室上方有进气喷嘴，下部连分子泵进行抽真空。腔室内部是存在流体流动的，等离子体的电子、重物质粒子会受到流体流动的影响，因此流体的状态会影响等离子体的均匀性，进而影响晶圆表面刻蚀的均匀性。如果能够有效仿真流场情况，并将其和等离子体仿真结合起来，可以非常直观地评估刻蚀机腔室设计的优劣，进而实现对等离子体刻蚀机的优化设计。关于流场对等离子体分布的影响，或者说流场和等离子体场之间的耦合，在 7.2 节会作进一步介绍，本小节主要介绍流场仿真相关的内容。

等离子体刻蚀机的腔室内部一般都是气相的，因此我们遇到的大多是单相流问题。广义单相流一般通过纳维尔-斯托克斯（Navier-Stokes）方程来描述，具体方程如下：

$$\frac{\partial \rho}{\partial t} + \nabla \cdot (\rho \boldsymbol{u}) = 0 \tag{7-40}$$

$$\rho \frac{\partial \boldsymbol{u}}{\partial t} + \rho(\boldsymbol{u} \cdot \nabla)\boldsymbol{u} = \nabla \cdot [-p\boldsymbol{I} + \boldsymbol{K}] + \boldsymbol{F} \tag{7-41}$$

$$\rho C_{\mathrm{p}}\left(\frac{\partial T}{\partial t} + (\boldsymbol{u} \cdot \nabla)T\right) = -(\nabla \cdot \boldsymbol{q}) + \boldsymbol{K} : \boldsymbol{S} - \frac{T}{\rho}\frac{\partial \rho}{\partial T}\Big|_p\left(\frac{\partial p}{\partial t} + (u \cdot \nabla)p\right) + Q \tag{7-42}$$

式中，ρ 为密度（kg/m³）；$\boldsymbol{u}$ 为速度矢量（m/s）；p 为压力（Pa）；$\boldsymbol{K}$ 为黏性应力张量（Pa）；$\boldsymbol{F}$ 为体积力矢量（N/m³）；C_{p} 为恒压下的比热容（J/(kg·K)）；T 为绝对温度（K）；$\boldsymbol{q}$ 为热通量矢量（W/m²）；Q 为热源（W/m³）；$\boldsymbol{S}$ 为应变率张量，$\boldsymbol{S} = \frac{1}{2}(\nabla \boldsymbol{u} + (\nabla \boldsymbol{u})^{\mathrm{T}})$。

式（7-42）中的"："表示两个张量之间的特殊乘法，又称为"双点乘"，具体算法如下：

$$a : b = \sum_n \sum_m a_{nm}b_{nm} \tag{7-43}$$

式（7-40）是用连续性方程表示质量守恒；式（7-41）是表示动量守恒的矢量方程；式（7-42）是能量守恒方程，用来求解温度。为了使整个方程组封闭，还需要额外的本构关系。对于像牛顿流体这种应力和应变呈线性关系的流体，斯托克斯（Stokes）推导出如下关系式：

$$\boldsymbol{K} = 2\mu\boldsymbol{S} - \frac{2}{3}\mu(\nabla \cdot \boldsymbol{u})\boldsymbol{I} \tag{7-44}$$

式中，μ 为动力黏度（Pa·s）。流体是否属于非牛顿流体，主要取决于热力学状态，与流速大小关系不大，所有的气体和大多数液体都可以认为是牛顿流体。此时动量守恒方程式（7-41）变为

$$\rho \frac{\partial \boldsymbol{u}}{\partial t} + \rho(\boldsymbol{u} \cdot \nabla)\boldsymbol{u} = -\nabla p + \nabla \cdot \left(\mu\left(\nabla \boldsymbol{u} + (\nabla \boldsymbol{u})^{\mathrm{T}}\right) - \frac{2}{3}\mu(\nabla \cdot \boldsymbol{u})\boldsymbol{I}\right) + \boldsymbol{F} \tag{7-45}$$

在考虑等温流时，可以不求解能量守恒方程。

7.1.4　温度场

刻蚀速率是温度敏感的，大部分刻蚀机中都存在温度补偿装置，用来控制刻蚀的均匀性。因此对刻蚀机的温度场进行仿真模拟，可以评估刻蚀机中的温控补偿机制的效果。

热是一种类似于功的能量形式，这种能量将以动能或者势能的形式储存在原子和分子中。一个由固体与周围流体组成的系统中的传热过程如图 7.1 所示。在固体中，传导是主要的传热机制。在流体中，存在传导和对流两种不同的传热机制。辐射传热可以在表面之间或表面与周围环境之间进行。传导、对流和辐射也

是自然界中存在的三种传热机制。

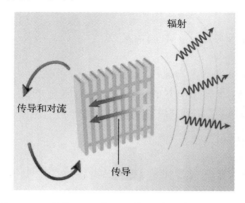

图 7.1　固体与周围流体组成的系统中的传热过程

固体中的传导热通量和体系的温度梯度成正比，采用傅里叶定律来描述，具体公式如下：

$$\rho C_{\mathrm{p}}\left(\frac{\partial T}{\partial t}\right) + \nabla \cdot \boldsymbol{q} = Q \tag{7-46}$$

$$\boldsymbol{q} = -k\nabla T$$

式中，ρ 为密度（kg/m³）；C_{p} 为恒压热容（J/(kg·K)）；T 为绝对温度（K），属于求解的因变量；$\boldsymbol{q}$ 为传导热通量（W/m²）；k 为热导率，可以是常数，也可以是温度或任何其他变量（如化学组分）的函数；Q 为外部的热源（W/m³）。

流体中的传热方程会包含对流项，具体方程形式如下：

$$\rho C_{\mathrm{p}}\left(\frac{\partial T}{\partial t} + \boldsymbol{u} \cdot \nabla T\right) + \nabla \cdot \boldsymbol{q} = \alpha_{\mathrm{p}} T\left(\frac{\partial p}{\partial T} + \boldsymbol{u} \cdot \nabla p\right) + Q \tag{7-47}$$

$$\boldsymbol{q} = -k\nabla T$$

式中，T 为绝对温度（K），和压力 p（Pa）都属于求解的因变量；ρ 为密度（kg/m³）；C_{p} 为恒压热容（J/(kg·K)）；$\boldsymbol{u}$ 为流速矢量（m/s）；$\boldsymbol{q}$ 为传导热通量（W/m²）；α_{p} 为热膨胀系数（1/K），对于理想气体，可简化为 $\alpha_{\mathrm{p}} = 1/T$；$Q$ 为除黏性耗散以外的外部热源（W/m³）。

上述方程包含流场相关的流速和压力，因此考虑对流传热时，必须求解7.1.3 节讨论过的流体方程。

物体表面对于热辐射的作用存在"半透明"和"非透明"两种不同的状态。针对不同的状态，需要考虑不同的辐射形式。图 7.2 给出了非透明物体表面的辐射形式。

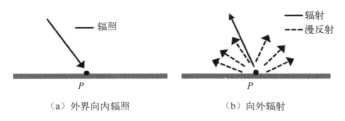

（a）外界向内辐照　　　　　（b）向外辐射

图 7.2　非透明物体表面的辐射形式

外界向表面上 P 点的辐射热通量称为辐照通量，用 G 表示；表面上 P 点向外的总辐射热通量用 J 表示，包含辐射和反射两种，具体表达式为

$$J = \rho_s G + \rho_d G + \varepsilon e_b(T) \tag{7-48}$$

式中，第一项为镜面反射的热通量；第二项为漫反射热通量；第三项为辐射热通量；ε 为发射率。根据 Stefan-Boltzmann 定律，$e_b(T)$ 为所有波长的辐射功率之和，与温度的四次方成正比，表达式如下：

$$e_b(T) = n^2 \sigma T^4 \tag{7-49}$$

总的向内辐射热通量 q 为辐照和向外辐射热通量之差，表达式如下：

$$q = G - J \tag{7-50}$$

将式（7-48）和式（7-49）代入式（7-50），得到总的向内辐射热通量表达式为

$$q = (1 - (\rho_d + \rho_s))G - \varepsilon e_b(T) \tag{7-51}$$

大多数不透明物体也被认为是理想灰体，也就是其吸收率和发射率相等，因此反射率 $\rho_d + \rho_s$ 可以由以下关系表示。

$$\varepsilon = 1 - (\rho_d + \rho_s) \tag{7-52}$$

这样满足理想灰体假设的非透明物体的向内辐射热通量表达式变为

$$q = \varepsilon(G - e_b(T)) \tag{7-53}$$

半透明物体表面的辐射形式如图 7.3 所示。

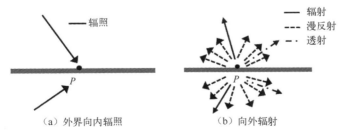

（a）外界向内辐照　　　　　（b）向外辐射

图 7.3　半透明物体表面的辐射形式

半透明物体表面的上下两侧均会存在外界的辐照，分别记为 G_u 和 G_d；同理，上

下两侧都会有向外的热通量，分别记为 J_u 和 J_d。但是向外热通量除了上面提到的辐射和反射通量，还包含透射通量，因此上下两侧的向外热通量表达式如下：

$$J_u = \rho_{s,u}G_u + \rho_{d,u}G_u + \tau_d G_d + \varepsilon_u e_{b,u}(T) \tag{7-54}$$

$$J_d = \rho_{s,d}G_d + \rho_{d,d}G_d + \tau_u G_u + \varepsilon_d e_{b,d}(T) \tag{7-55}$$

式中，$\rho_s G$ 和 $\rho_d G$ 分别为镜面反射热通量和漫反射热通量；$\tau_d G_d$ 和 $\tau_u G_u$ 分别为下侧向上侧透射热通量和上侧向下侧的透射热通量；$\varepsilon e_b(T)$ 为辐射热通量。

这样，上下两侧的总向内辐射热通量 q_u 和 q_d 的表达式如下：

$$q_u = (1-(\rho_{d,u}+\rho_{s,u}))G_d - \tau_d G_d - \varepsilon_u e_{b,u}(T) \tag{7-56}$$

$$q_d = (1-(\rho_{d,d}+\rho_{s,d}))G_d - \tau_u G_u - \varepsilon_d e_{b,d}(T) \tag{7-57}$$

对于理想灰体，吸收率和发射率相等，因此上述表达式中表示反射、发射和透射的各项系数之间满足如下关系：

$$\varepsilon_u + \rho_{d,u} = 1 - \rho_{s,u} - \tau_d \tag{7-58}$$

$$\varepsilon_d + \rho_{d,d} = 1 - \rho_{s,d} - \tau_u \tag{7-59}$$

这样满足理想灰体假设的半透明物体的上下两侧向内辐射热通量表达式变为

$$q_u = \varepsilon_u(G_u - e_{b,u}(T_u)) \tag{7-60}$$

$$q_d = \varepsilon_d(G_d - e_{b,d}(T_d)) \tag{7-61}$$

总的向内热通量表达式为

$$q = \varepsilon_u(G_u - e_{b,u}(T_u)) + \varepsilon_d(G_d - e_{b,d}(T_d)) \tag{7-62}$$

总的向内辐射热通量可以作为边界条件作用到式（7-47）对应的传热方程中，从而考虑辐射传热对温度场的影响。通常来说，仅在研究对象温度较高时才需要考虑辐射传热，如温度超过 100℃。

7.1.5 化学反应

不论是电子密度方程，还是描述重物质输运的方程中都包含了源项，这些源项和等离子体过程中的各种反应密切相关。如果在某个反应中生成了电子或者重物质，或者说在这个反应中电子或者重物质是生成物，那么相应的方程源项即为正数；同理，如果在某个反应中消耗了电子或者重物质，或者说在这个反应中电子或者重物质是反应物，那么相应的方程源项即为负。

在等离子体产生过程中，我们将所有的反应分为两大类：①反应物中包含电子的电子碰撞反应；②反应物中不包含电子的气相反应。大多数研究等离子体数值仿真的论文都会提供描述等离子体演化过程的化学反应表。表格中一般会包含反应式，以及反应速率。然而，电子碰撞反应的反应速率很少为一个常数，通常采用反应截面数据来计算，该反应截面数据通常是两列数据，第一列为电子的平均能量，第二列为反应的截面。有些等离子体的电子碰撞反应的截面数据可能很难找到，甚至不存在。LXCat 等离子体数据网站（www.lxcat.net）上可以找到大多数常见气体的碰撞截面数据。使用 LXCat 网站上的截面数据时，推荐采用其中建议的数据。

对于没有气体参与的气相反应，可以使用阿仑尼乌斯系数或恒定的反应速率常数来计算反应速率。详细内容请参考 7.1.1 节关于等离子体重物质输运部分的内容。

除了上面提到的发生在腔室内部的反应，还有一些描述物质是如何在表面上产生或消耗的反应，也是发生在腔室壁上的，通常称为表面反应。假设一个等离子体化学反应体系中包含 i 个表面反应和 k 种表面物质，描述反应的相应表达式为

$$\sum_{k=1}^{K} v_{ki}^{f} c_k \Leftrightarrow \sum_{k=1}^{K} v_{ki}^{r} c_k \tag{7-63}$$

式中，v_{ki}^{f} 为第 k 种物质在正反应中的化学计量系数；v_{ki}^{r} 为第 k 种物质在逆反应中的化学计量系数；c_k 为第 k 种物质的摩尔浓度，由式（7-30）计算。第 k 种物质表面速率（mol/(m²·s)）表达式如下：

$$R_{\text{surf},k} = \sum_{i=1}^{I} v_{ki} q_i \tag{7-64}$$

式中，$v_{ki} = v_{ki}^{f} - v_{ki}^{r}$；$q_i$ 为第 i 个反应的速度，由质量作用定律决定。

$$q_i = k_{f,i} \prod_{k=1}^{K} c_k^{v_{ki}^{f}} - k_{r,i} \prod_{k=1}^{K} c_k^{v_{ki}^{r}} \tag{7-65}$$

表面反应实际上也是求解重物质输运方程需要用到的边界条件。

7.1.6　各物理场之间的耦合

等离子体刻蚀机中存在复杂的物理场，物理场之间是相互影响的，不过不同物理场之间的相互影响也存在强弱之分，其中等离子体、电磁场和化学反应之间的相互影响非常强，属于强耦合，在仿真建模的时候一定要同时考虑这三个场。但是这三个场和传热以及流场之间的相互影响并不是那么强，在保证一定仿真精度的时候，有时也可不考虑温度场和流场的影响，不过本小节还是会介绍所有这些场之间的相互耦合的。

首先介绍等离子体、电磁场和化学反应之间的相互影响。在此之前，先回顾一下电子密度、电子平均能量、重物质输运以及静电场和磁场所需要求解的方程。

电子密度方程：
$$\frac{\partial}{\partial t}(n_e) - \nabla \cdot ((\mu_e \cdot \boldsymbol{E}) n_e + \nabla(\boldsymbol{D}_e n_e)) = R_e \tag{7-66}$$

电子能量密度方程： $\dfrac{\partial}{\partial t}(n_\varepsilon) + \nabla \cdot \varGamma_\varepsilon + \boldsymbol{E} \cdot \varGamma_{\mathbf{e}} = S_{\mathrm{en}} + (Q + Q_{\mathrm{gen}})/q$ （7-67）

重物质输运方程： $\rho \dfrac{\partial}{\partial t}(\omega_k) + \rho(\boldsymbol{u} \cdot \nabla)\omega_k = \nabla \cdot \boldsymbol{j}_k + R_k$ （7-68）

$$V_k = D_{k,\mathrm{m}} \frac{\nabla \omega_k}{\omega_k} + D_{k,\mathrm{m}} \frac{\nabla M_{\mathrm{n}}}{M_{\mathrm{n}}} + D_k^T \frac{\nabla T}{T} - z_k \mu_{k,\mathrm{m}} \boldsymbol{E}$$ （7-69）

静电场方程： $\varepsilon_0 \varepsilon_{\mathrm{r}} \nabla \cdot \boldsymbol{E} = \rho$ （7-70）

磁矢势方程： $(\mathrm{j}\omega\sigma - \omega^2 \varepsilon_0 \varepsilon_{\mathrm{r}})\boldsymbol{A} + \nabla \times (\mu_0^{-1} \nabla \times \boldsymbol{A}) = \boldsymbol{J}^{\mathrm{e}}$ （7-71）

从以上方程可以看出等离子体的三个方程中都包含和电场强度 $\boldsymbol{E}$ 相关的项，那么静电场对等离子体的影响就体现在这些包含电场强度 $\boldsymbol{E}$ 的项中。其中电子密度和重物质输运方程中的电场强度项实际上描述的是电子和带电离子在电场中的迁移运动，而电子能量密度方程中的电场描述的是电子被电场加速获得的能量。等离子体对静电场的影响主要体现在空间电荷密度 $\rho = q\left(\sum_{k=1}^{N} Z_k n_k - n_{\mathrm{e}}\right)$ 中，也就是说等离子体中的所有带电粒子都会在空间产生电场。

磁场对等离子体的影响主要体现在电子能量密度方程中的外部能量源 Q 中，Q 的表达式为 $Q = \boldsymbol{J} \cdot \boldsymbol{E}$，描述的是磁场向电子传递能量的机制。我们都知道电荷的定向运动将产生电流，等离子体中电子和离子的运动也相当于电流，也就是说等离子体实际上是导电的。因此等离子体对磁场的影响，主要体现在电导率 σ 中，σ 的表达式为

$$\sigma = \frac{q^2 n_{\mathrm{e}}}{m_{\mathrm{e}}(v_{\mathrm{m}} + \mathrm{j}\omega)}$$ （7-72）

式中，q 为电子电荷；n_{e} 为电子密度；m_{e} 为电子质量；v_{m} 为等离子体碰撞频率；ω 为电磁场的角频率。

在 7.1.1 节介绍等离子体场的时候，我们已经了解到电子输运方程、电子能量密度方程以及重物质输运方程的源项都包含和化学反应相关的项，反映的是化学反应对电子以及重物质的消耗。并且化学反应速率的表达式为 $r_j = k_{\mathrm{f},j} \prod_{k=1}^{Q} c_k^{v'_{kj}} - k_{\mathrm{r},j} \prod_{k=1}^{Q} c_k^{v''_{kj}}$，其中 c_k 是第 k 种物质的摩尔浓度，这一项体现出了等离子体对化学反应的影响。

流场对等离子体的影响主要体现在重物质输运方程左侧第二项 $\rho(\boldsymbol{u} \cdot \nabla)\omega_k$，其中 $\boldsymbol{u}$ 就是流场计算得到的流速，反映了物质在流体中的对流。等离子体是由很多不同物质组成的，可以认为是一种混合物，这就导致可压缩流体方程中的物性参数密度 ρ 以及动力黏度 $\tilde{\mu}$ 和等离子体的组分有关，具体表达式如下：

$$\rho = \frac{p M_{\mathrm{n}}}{RT}$$ （7-73）

$$\tilde{\mu} = \sum_{k=1}^{K} \frac{x_k \mu_k}{\sum \left(x_j \phi_{k,j} \right)} \tag{7-74}$$

式中，P 为压力；M_n 为混合物的平均摩尔质量；R 为摩尔气体常数；T 为等离子体温度；x_k 为第 k 种物质的摩尔分数；μ_k 为第 k 种物质的动力黏度；$\phi_{k,j}$ 为混合物的黏度分量。以上两式体现了等离子体组分对流场的影响。

反应速率常数与气体温度呈指数关系，满足阿仑乌斯（Arrhenius）定律：

$$k_j = A_j T^{\beta_j} \exp\left(-\frac{E_j}{RT} \right) \tag{7-75}$$

可见温度场通过对等离子体中的气相相应速率的影响，进而影响整个刻蚀腔室内的等离子体分布。反过来，等离子体反应本身又会吸收或者放出热量，这些热量又会影响等腔室内的温度场分布。

综上，等离子体刻蚀腔室中多个物理场之间的相互影响可以通过图 7.4 来描述。

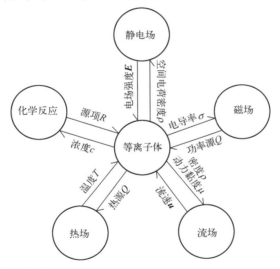

图 7.4　等离子体刻蚀腔室中多个物理场之间的相互影响

7.2　多物理场仿真技术

7.2.1　多物理场仿真技术简介

通过前面的介绍，我们已经知道等离子体刻蚀腔室内部是一个非常复杂的系统，涉及电磁场、等离子体、化学反应、流场和传热等多个物理场。接下来我们介绍多物理场仿真技术。

实际上每个物理场对应的就是一个或者一组偏微分方程，例如，温度场就是传热方程 $\rho C_{\mathrm{p}}\left(\dfrac{\partial T}{\partial t}+\boldsymbol{u}\cdot\nabla T\right)+\nabla\cdot\boldsymbol{q}=\alpha_{\mathrm{p}}T\left(\dfrac{\partial p}{\partial T}+\boldsymbol{u}\cdot\nabla p\right)+Q$，其中需要求解的就是温度 T 随时间 t 和空间 (x,y,z) 的变化，解就是温度分布的函数 $T(x,y,z,t)$。温度 T 是一个标量，因此传热方程就是一个标量方程。电场强度 $\boldsymbol{E}$ 和磁感强度 $\boldsymbol{B}$ 是矢量，相应的描述电磁场的麦克斯韦方程就是矢量方程。除了方程本身，通常还需要边界条件和初始值才能完成求解。常用的边界条件包含狄氏、纽曼和洛平三类。狄氏边界条件直接指定因变量等于特定的值；纽曼边界条件指定因变量在边界处的通量也就是因变量的梯度为特定的值；洛平边界条件结合了前面两类边界条件，用于指定因变量及其梯度之间的关系。最常用的是狄氏和纽曼边界条件，通常也称为第一类和第二类边界条件。常见物理场的边界条件物理含义见表7.1。

表7.1　常见物理场的边界条件物理含义

物理场	狄氏边界条件	纽曼边界条件	洛平边界条件
固体力学	恒定位移	指定压力	和弹簧连接
传热	恒温	特定热通量	和外界对流换热

对于一个复杂的几何结构来说，这些物理变量的空间分布函数往往是不存在解析解的，需要利用一些离散化方法来得到物理变量分布函数的数值解，这就是常说的仿真技术。常见的离散化方法包括有限元、有限体积、有限差分等。

在求解偏微分方程的众多数值方法中，有限元方法是应用最广泛的一种方法[3]。其基本思想为先将求解域用有限个离散的点构成的网格来代替，然后采用已知的一系列形函数的加权结果作为每个网格格点上未知量的取值，那么整个求解域中的未知量就是所有权系数构成的向量。形函数也称试函数、基函数，定义在单元内部，是连续的函数，满足如下条件：

（1）在节点 i 处，$N_i=1$；在其他节点处，$N_i=0$。

（2）能保证用它定义的未知量（流速 u、v，温度 T 等）在相邻单元之间连续。

（3）包含任意线性项，使用它定义的单元唯一可满足常应变条件。

（4）满足表达式：$\sum N_i=1$。

形函数具有不同的阶次，一般来说形函数阶次越高，单元形状就越复杂，单元适应性也越强，满足一定求解精度下所需的网格单元数就越少。

有限体积法（Finite Volum Method，FVM）又称控制体积法。其基本思路是：将计算区域划分为一系列不重复的控制体积，并使每个格点周围有一个控制体积；将待求解的微分方程对每个控制体积积分，便得到一组离散方程，未知数是网格点上的因变量数值。离散方程的物理意义就是因变量在有限大小的控制体积中的守恒原理，也就是说对于任意一组控制体积都满足因变量的积分守恒，因此整个计算域自然也满足积分守恒，这是有限体积法最大的优点。也正因如此，大部分流体计算软件都采用有限体积法[4]。

有限差分法（Finite Difference Method，FDM）将连续的定界求解域用有限个离散点构成的网格来代替，这些离散点称为网格节点；把连续定解区域上的连续变量的函数用在网格上定义的离散变量函数来近似；把原来方程和定解条件中的微商用差商来近似，积分用积分和来近似，于是原微分方程和定解条件就近似地代之以代数方程组，即有限差分方程组，解此方程组就可以得到原问题在离散点上的近似解；然后再利用插值方法便可以从离散解得到定解问题在整个区域上的近似解。在采用数值计算方法求解偏微分方程时，再将每一处倒数由有限差分近似公式替代，从而把求解偏微分方程的问题转换成求解代数方程的问题。

7.2.2　仿真分析基本流程

有限元方法最早是用在结构力学分析上的，随着仿真技术的发展，才开始慢慢地小范围用在传热领域，现如今随着人们对"多物理场"仿真应用的需求，有限元也逐渐用在了流体流动和电磁仿真中。事实上，不论进行哪个领域的仿真，有限元分析的基本流程都是一样的。接下来简要概述有限元分析的主要工作流程。

1．创建几何模型

有限元分析的第一步就是将仿真对象进行空间离散化，那么就需要事先创建仿真对象的几何模型。随着计算机技术的发展，计算机辅助设计（CAD）应用越来越广泛，而且大多的有限元分析软件都支持直接导入 CAD 工具创建的几何文件。但是有限元分析和 CAD 建模的最终目的是不一样的，所以在进行有限元分析时，往往需要对几何对象进行一些简化处理。例如，原始 CAD 几何模型中可能包含一些细长面、窄面、细长边等几何细节，甚至是一些标准厂商等信息的注释性几何特征，这些小的几何特征形成非常细的网格，导致模型计算量过大。这些在几何处理的时候都需要格外注意。细节处理前后轮毂网格剖分结果如图 7.5 所示，可以看到在细节处理前剖分得到的网格存在局部非常密集的网格，而经过细节处理之后，这些局部密集网格就消失了，可以有效降低模型的计算量。

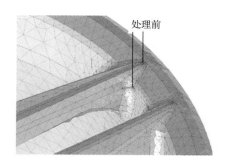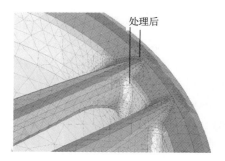

图 7.5　细节处理前后轮毂网格剖分结果

此外，有些 CAD 几何文件可能仅仅包含一组三维表面，并没有几何实体。例如，大多数管道的几何模型并不包含流体区域，此时必须借助一些工具生成流体域的几何实体，这样才能基于相应的几何模型进行流场分析。

因此在进行有限元分析之前，通常需要对 CAD 几何模型进行一些修复以及特征去除操作，通常称这个过程为前处理。

2．定义材料物性

在介绍不同物理场所求解方程的时候，我们知道方程是包含材料物性的。例如，静电方程 $-\nabla \cdot \varepsilon_0 \varepsilon_r \nabla V = \rho$，其中的 ε_r 就是材料的相对介电常数；稳态固体传热方程 $-\nabla \cdot (kT) = Q$，其中的 k 就是材料的热导率；除此之外，还有计算磁场时候的 **B-H** 本构关系、进行结构力学计算时候的非线性本构关系。所以要想让方程能够求解必须给定材料的物性，而且由于仿真对象往往是由不同材料组成的，就需要给几何的不同部分指定不同的材料。定义和指定材料属性以及材料属性函数的过程，通常也认为是前处理的一部分。

3．设置域、边界条件

要求解整个方程，除了上面提到的定义材料物性之外，还需要定义边界条件。以结构力学仿真为例，需要指定仿真对象的受力情况、约束情况等，否则方程是无法求解的。除了定义特定的边界条件，还可能会有一些特殊的域条件，比如说，仿真对象的某部分属于刚体，我们不去考虑其变形，由于某一些仿真域存在特定的约束情况，所以这种属于域条件。静电场仿真也是一样的，例如，仿真对象存在导体时，可以指定整个导体区域都是等势体，这个过程也属于定义域条件。

实际上除了域和边界条件，仿真中可能还需要指定边、点等特殊的条件，所有这些涉及指定特定几何实体条件的过程，在传统的有限元分析中，通常也称为前处理。

4. 剖分网格

有限元的基本原理就是建立在对仿真对象的空间离散化基础之上的，因此在求解之前需要将仿真对象，也就是前面提到的几何模型，分割成很多的小区域，也称为"单元"。生成单元的过程，称为剖分网格。前面提到的几何模型、材料、域、边界条件、初始条件、载荷和特殊约束的设定大多数情况下无需对仿真对象进行离散化即可完成，也存在部分有限元软件需要基于离散化的模型进行设置。

不论前处理过程是否基于离散化的网格，任何的有限元仿真得到的精度都和网格有直接的关系。因为有限元方法通过在每个单元上定义一组多项式函数来近似表示所需的控制方程。随着不断加密网格，网格单元越来越小，有限元仿真得到的结果越来越接近真实解。凡事有利必然有弊，加密网格可以提高模型精度的同时，还需要付出计算资源和计算时间的代价。所以，很多时候需要在精度、资源以及计算时间上进行平衡，调节的关键就是网格的精细程度。因此，网格除了前面提到的对几何模型离散化的功能之外，还有一个功能就是需要解析物理场在空间的分布。物理场空间梯度越大的区域，网格要求就越精细。

有时候也会进行网格收敛性的分析。网格收敛是指不断加密网格，观察结果的变化。正常情况下，随着网格数量的增加，模型的仿真结果会越来越逼近真实结果，如图 7.6 所示。如果比较三个不同程度加密网格的结果，就会发现解出现渐进特性，而且后两级加密的网格的结果差异通常会小于前两级网格之间的差异。如果进一步加密网格，相邻网格结果之间的差异会越来越小，此时可以认为模型已经收敛了。具体小到何种程度可以认为模型收敛，通常需要仿真人员自行判断，因为只有仿真人员自己才能知道对结果精度的要求到底是什么样的。例如，如果只是前期的分析，可以采用较粗网格的结果，先对仿真结果有个大概的了解。

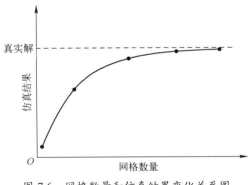

图 7.6　网格数量和仿真结果变化关系图

对于非线性比较强的模型，对网格的剖分就要格外小心了。因为非线性比较强的模型，网格收敛性都比较差，如果网格精细程度的分布和物理场梯度分布差别较大时，模型往往会不收敛。非线性较强的模型包含以下几种情况：

（1）模型中只存在单一场，但是材料属性和求解的场变量相关。例如，传热问题中，材料的热导率是温度的函数，如图 7.7 所示，空气热导率就是温度的函数。

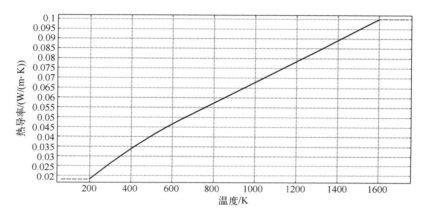

图 7.7　空气热导率随温度变化曲线

（2）模型包含多个物理场，但是各物理场之间有很强的耦合。例如，我们提到的等离子体问题，电子和带电离子属于带电粒子，会在周围空间产生电场，从而影响静电场分布；而通过泊松方程求解得到的电场又会给电子提供能量，同时引起电子和带电离子的迁移运动。这几个场就属于强耦合情况，模型的非线性非常强。仿真的时候，可能要基于一定的仿真中间过程，对模型的网格进行调整，否则模型很容易不收敛。

5．求解

求解过程就是利用有限元求解器求得方程解。整个过程包含两大过程：求解离散化得到大型线性代数方程组；非线性、参数化、特征值和瞬态问题则需要通过迭代法求解，往往需要求解一系列大型线性代数方程组。

一般来说，求解大型线性代数方程组是比较困难的。现在有一些可以求解这类方程的现成的"黑盒子"，如基于 LU 因式分解法的直接求解器或各类迭代方法。但是整体来说，如果模型规模比较大，求解难度都比较高。现代的有限元软件也采用几何或者代数多重网格法，以加速线性代数方程的迭代求解过程。

前面讨论过非线性模型的收敛性是非常差的，主要原因是牛顿方法使用局部导数信息得到中间结果，但是这个方法只有在初始值和真实解足够接近时才比较有效。因此，除了前面提到的网格对非线性模型收敛性会有影响，模型的初始值对收敛性的影响更大。实际仿真模拟过程中，可以采用载荷渐进的方法有效提升模型的收敛性。例如，对于一个受力大变形问题，可以使载荷从比较小的值开始慢慢增加，并且每一次增加载荷的时候，都将前一个载荷的结果作为初始值，这样可以确保初始值总是能够和最终结果相差不是很大，模型能够很好地收敛。除了载荷可以渐进，很多其他因素也可以渐进以提高模型的收敛性，如对非线性系数进行渐进，对入口流速进行渐进，对偏置电压进行渐进，等等。

6．后处理

通过求解，可以得到每个网格格点上的离散化结果，然后需要借助一系列的后处理工具将这些结果更直观地展示出来，这个过程就是常说的后处理。后处理得到的结果通常包括物理量的三维绘图、横截面（如 $x\text{-}y$ 平面）图、物理量在某些线上的分布，以及对物理量在体、表面、边进行积分、平均、最大值或最小值等运算的结果。

在比较旧的有限元分析软件中，必须先定义要得到的后处理结果才能进行求解。因此，定义可视化的结果也属于前处理的一部分。但是这种方法有一个致命的问题，如果遗漏了某些后处理结果，则需要重新求解模型。现代有限元分析软件就支持在求解之后，再进行可视化的操作，这些软件绘制结果云图，进行最大、最小和平均等操作就属于后处理。图 7.8 是某 ICP 等离子体反应腔中，等离子体的电子密度分布和电子温度分布云图。

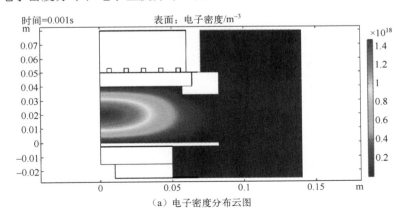

（a）电子密度分布云图

图 7.8　ICP 等离子体反应腔的后处理结果

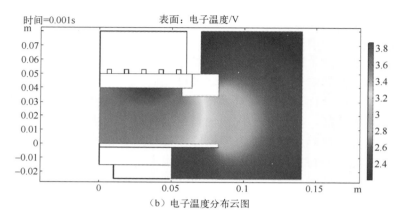

（b）电子温度分布云图

图 7.8　ICP 等离子体反应腔的后处理结果（续）

　　除了可以得到物理量在空间的分布，还可以在后处理过程中直观地展示网格剖分的结果。同一个 ICP 等离子体腔室的网格剖分情况如图 7.9 所示。对网格的可视化显示在三维模型中会更有帮助。

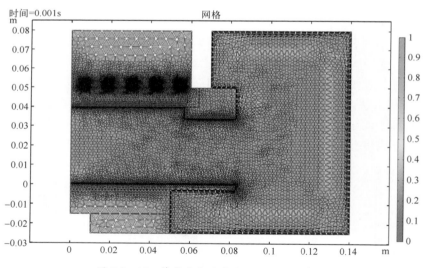

图 7.9　ICP 等离子体反应腔的网格剖分情况

7.2.3　相关仿真案例

　　本节分别以容性耦合等离子体和感性耦合等离子体为例，介绍等离子体仿真的大致流程以及仿真能够得到哪些常见的后处理结果。

1．容性耦合等离子体放电仿真

对于容性耦合等离子体放电的仿真，以平行板容性耦合 RIE 等离子体反应器为例。该平行板容性耦合 RIE 等离子体反应器案例主要来源于文献[5]，使用的是一个用来测量离子能量分布函数（IEDF）的等离子体产生装置。该装置是一种非对称式容性耦合反应器，其中包含直径为 200mm 的功率电极，电极之间的间隙为 4.5cm。反应器的其他尺寸可以根据图表和照片推断，最终得到的反应器结构如图 7.10 所示。该 RIE 等离子体反应器满足二维轴对称，因此在进行仿真分析的时候，也采用二维轴对称的几何模型。上极板接地，射频功率添加在下极板上。腔室气压为 20mTorr，射频电源频率为 13.56MHz。

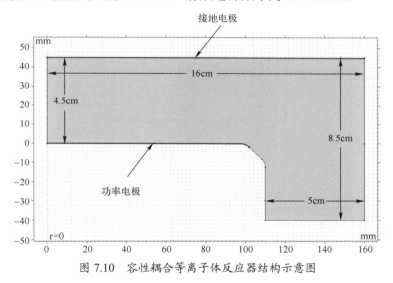

图 7.10　容性耦合等离子体反应器结构示意图

在众多气体中，Ar 气是被研究最充分，而且反应最为简单的一种气体，因此在进行真实刻蚀气体放电仿真之前，可以采用 Ar 气作为放电气体。Ar 等离子体放电的主要反应见表 7.2。其中的反应 1～5 是由电子参与的反应，通常反应速率和电子的能量有很大关系，可以通过碰撞截面和电子平均能量的函数关系来定义各反应速率，具体数据可以在 LXCat 网站上查询。反应 6 和反应 7 是没有电子参与的反应，属于气相反应，一般通过反应速率常数来计算反应速率。这 7 个反应中，反应 5 是维持 Ar 放电的一个很重要的反应。激发态 Ar 主要通过反应 3、反应 5、反应 6 和反应 7 消耗掉。反应 3 描述的是激发态 Ar 和电子发生非弹性碰撞回到基态的过程。反应 5 描述的是激发态 Ar 的电离过程。反应 6 描述的是 2 个激发态 Ar 碰撞之后发生的电离反应，也称为潘宁电离反应。反应 7 描述的是激发态 Ar 和基态 Ar 碰撞得到 2 个 Ar 的过程，是一个激发态湮灭反应。

表 7.2 Ar 等离子体放电的主要反应

反应序号	反应式	类型	$\Delta\varepsilon(eV)$
1	$e + Ar \Rightarrow e+Ar$	弹性	0
2	$e + Ar \Rightarrow e+Ars$	激发	11.5
3	$e + Ars \Rightarrow e+Ar$	非弹性	-11.5
4	$e + Ar \Rightarrow 2e+Ar^+$	电离	15.8
5	$e + Ars \Rightarrow 2e+Ar^+$	电离	4.24
6	$Ars+Ars \Rightarrow e+Ar+Ar^+$	潘宁电离	—
7	$Ars+Ar \Rightarrow Ar+Ar$	激发态湮灭	—

在等离子体装置中，通常功率电极是在固定的功率下工作的，而且由于等离子体鞘层的存在，通常会有一个直流自偏压。功率电极上的电激励满足如下关系式：

$$V_s = V_a \cos(2\pi ft + \alpha) + V_{dc,b} \tag{7-76}$$

$$0 = f \iint (\boldsymbol{n} \cdot J_i + \boldsymbol{n} \cdot J_e + \boldsymbol{n} \cdot J_d)\mathrm{d}S\mathrm{d}t \tag{7-77}$$

$$P_{rf} = \iint (V_s + V_{dc,b})(\boldsymbol{n} \cdot J_i + \boldsymbol{n} \cdot J_e + \boldsymbol{n} \cdot J_d)\mathrm{d}S\mathrm{d}t \tag{7-78}$$

式中，V_s 为功率极板上的总电压；V_a 为功率极板上的射频电压；t 为时间；f 为射频电源的工作频率；α 为初始相位；$V_{dc,b}$ 为直流自偏压；S 为电极表面积；J_i、J_e、J_d 分别为功率极板上的电子电流密度、离子电流密度和位移电流密度；$\boldsymbol{n}$ 为功率极板的法向单位矢量；P_{rf} 为功率极板上的射频功率。其中式（7-77）是用来计算直流自偏压的主要方程。

容性耦合等离子体问题只需要求解电子密度输运方程、电子平均能量密度输运方程、重物质输运方程以及泊松方程即可。得到图 7.11 所示的电子密度分布图。电子密度在 $10^{16}\mathrm{m}^{-3}$ 量级，而且电子密度的最高点在对称轴上。除了电子密度分布，还可以得到其他各种粒子的密度分布图，如 Ar^+ 密度分布图（见图 7.12）和激发态 Ars 密度分布图（见图 7.13）。

实际的等离子体刻蚀装置中，由于起刻蚀作用的关键物质是不同的，所以通常要想评估刻蚀机设计的优劣，需要先评估刻蚀物质的分布是否均匀，可通过绘制硅片上表面一定距离处的刻蚀关键物质密度分布曲线来判断是否能够得到均匀的刻蚀工艺结果。例如，对于 CF_4 刻蚀 Si 和 SiO_2 的工艺过程，起关键刻蚀作用的是 F 原子，此时需要评估 F 原子的密度在硅片表面的分布是否均匀。立足该案例，绘制激发态 Ars 在样品台上表面约 1cm 处的密度分布曲线，如图 7.14 所示。通常来说，曲线越平滑，说明刻蚀工艺越均匀。

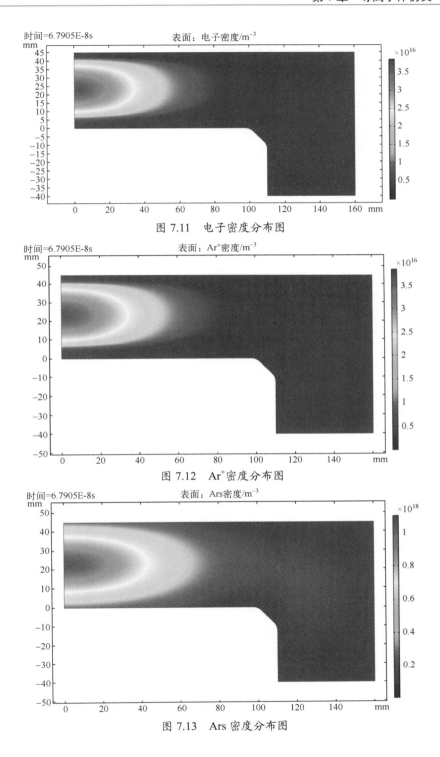

图 7.11 电子密度分布图

图 7.12 Ar⁺密度分布图

图 7.13 Ars 密度分布图

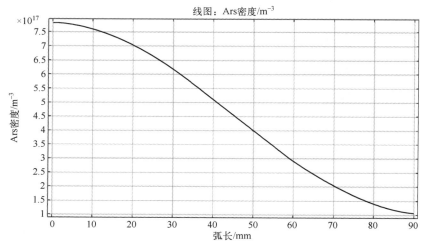

图 7.14　激发态 Ars 在样品台上表面约 1cm 处的密度分布曲线

2. 感性耦合等离子体放电仿真

对于感性耦合等离子体放电的仿真，以美国国家标准技术研究院（NIST）提出的一个 GEC 反应器为例。提出该反应器的目的是为不同实验室的放电实验和建模研究提供一个标准化的平台。该 GEC 感性耦合等离子体反应器结构如图 7.15 所示。该反应器的线圈是 5 匝线圈，由 13.56MHz 的射频电源激励，产生的电磁场穿透线圈下方的介电材料窗口传递给腔室内部的等离子体。由于电子在回旋的电场作用下做螺旋运动，增加了和背景气体碰撞的概率，因此感性耦合等离子体可以得到较高的等离子体密度。

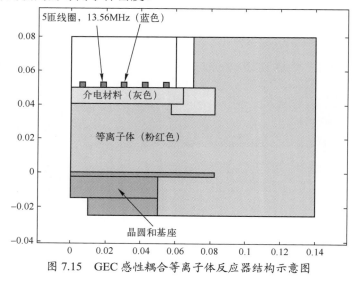

图 7.15　GEC 感性耦合等离子体反应器结构示意图

本例中仍然以 Ar 作为放电气体，所涉及的反应同表 7.2。从电磁场的角度看，ICP 反应器就像一个变压器，线圈中通电流（一次电流），在等离子体中感应出电流（二次电流）。然后，等离子体在线圈中感应出反向电流，从而增加了电阻。等离子体中的电流取决于施加到线圈的电流和反应动力学。等离子体总电流可以从无电流（未产生等离子体）变化到与一次电流相同的幅度，这对应于线圈和等离子体之间的完美耦合。在本例中，给线圈施加 1500W 的固定功率，其中一部分功率在线圈中消耗掉，大部分都被等离子体吸收了。

感性耦合等离子体仿真，除了需要求解电子密度输运方程、电子平均能量密度输运方程、重物质输运方程和泊松方程，还需要求解磁场方程。具体方程以及相互耦合关系已经在 7.1.1 节中介绍过，在此不赘述。通过求解这些方程，可以得到 ICP 等离子体放电反应腔的电子密度分布，如图 7.16 所示。从图 7.16 可以看到，电子主要集中在反应腔的中心区域，呈椭球形分布。图 7.17 给出了 ICP 等离子体放电反应腔的电子温度分布，可以看到电子温度较高的区域集中在线圈正下方，这是大部分功率沉积的位置。当然，也可以直接查看 ICP 等离子体放电反应腔的沉积功率分布，如图 7.18 所示。等离子体区域的沉积功率主要由等离子体的趋肤深度决定，通常等离子体的趋肤深度约为 1cm，表示的是电磁场能够渗透到等离子体区域的距离。趋肤深度表达式为：$\delta = \sqrt{\dfrac{2}{\mu\omega\sigma}}$，式中，$\mu$ 为磁导率，σ 为等离子体电导率，ω 为射频电源工作的角频率。可见，如果频率越高，趋肤深度越小，也就是说电磁场只能穿透等离子体很小的深度，大部分都被屏蔽掉了，因此耦合进入等离子体的电磁场功率未必会增加。

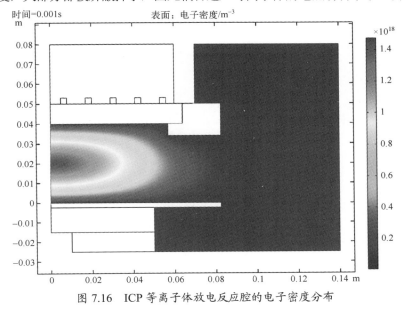

图 7.16　ICP 等离子体放电反应腔的电子密度分布

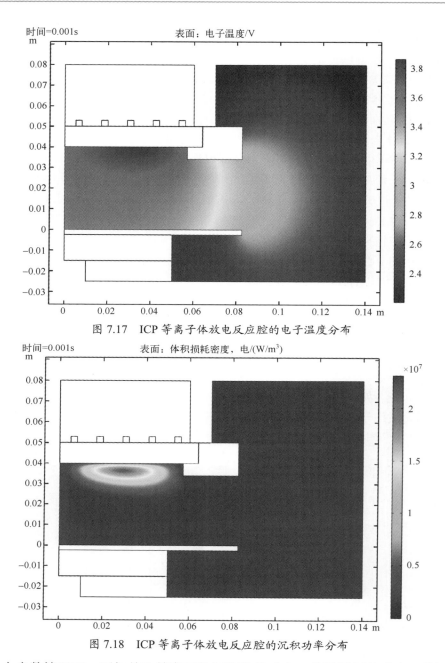

图 7.17　ICP 等离子体放电反应腔的电子温度分布

图 7.18　ICP 等离子体放电反应腔的沉积功率分布

　　大多数情况下，更加关注等离子体沉积的总功率、线圈消耗的功率、线圈电阻、线圈电感以及反应器效率。这些量在实际应用中更容易测量，因此将这些量和实验数据进行对比也更为简单有效，不需要昂贵的光谱设备或 Langmuir 探针。图 7.19 给出了等离子体沉积总功率和线圈消耗总功率随时间变化的曲线。可见，最初功率损耗（约 1400W）基本上全部在线圈中，大约 1μs 以后，开始起辉，随着越来越多的 Ar 原子电离成 Ar$^+$和电子，等离子体开始吸收越来越多的功率，同时线圈消耗的功率也在下降。大约在 2μs 内，等离子体从吸收少量功率到吸收约 1200W 的功率。相应的过程也可以从线圈电阻随时间变化的曲线看到，具体变化曲线如图 7.20 所示，可见随着等离子体的形成，产生的反向电流密度越来越大，因此相应的线圈电阻也逐渐变大。

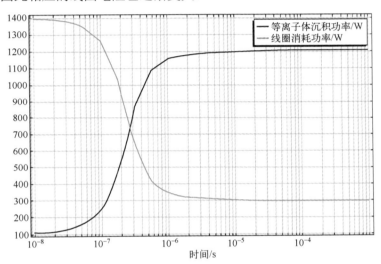

图 7.19　等离子体沉积总功率和线圈消耗功率随时间变化曲线

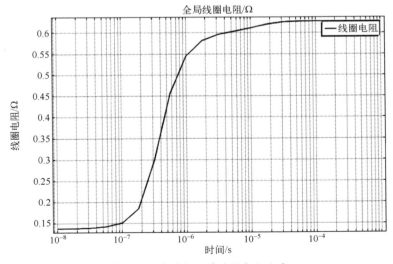

图 7.20　线圈电阻随时间变化曲线

除了上述一些结果，同样可以得到等离子体内部激发态氩原子、氩离子密度的分布，这些在本节前面的容性耦合案例中已有相关论述，在此不再赘述。

随着计算机科学的发展，基于有限元方法可以求解描述等离子体的各种方程，从而给出等离子体刻蚀机内部等离子体各种物质的空间分布，甚至是能量密度分布，可以有效地评估等离子体刻蚀机设计的优劣。

参 考 文 献

[1] Neufeld P D, Janzen A R, Aziz R A. Empirical equations to calculate 16 of the transport collision integrals $\Omega^{(l, s)*}$ for the Lennard-Jones (12-6) potential[J]. The Journal of Chemical Physics, 1972, 57(3): 1100-1102.

[2] R.S. Brokaw. Predicting transport properties of dilute gases[J]. Industrial & Engineering Chemistry Process Design and Development, 1969, 8(2): 240-253.

[3] 王勖成. 有限单元法[M]. 北京：清华大学出版社，2003.

[4] 李人宪. 有限体积法基础[M]. 北京：国防工业出版社，2005.

[5] Gahan D, Daniels S, Hayden C, et al. Characterization of an asymmetric parallel plate radio-frequency discharge using a retarding field energy analyzer[J]. Plasma Sources Science and Technology, 2011, 21(1): 015002.

第8章

颗粒控制和量产

8.1 缺陷和颗粒介绍

在集成电路制造的各个环节，都有可能会引起最终产品的失效。"良率"是指一片晶圆上能通过电性能及可靠性测试的芯片在完整芯片中占的比例，是一个量化失效的核心指标。"良率"是一个直观的工艺成熟度的表征指标，但在集成电路制造中，很多时候用"良率"来评价工艺的好坏会有很大的滞后性和局限性。由于不同工艺、不同产品，每个晶圆上的独立单元个数并不相同，有的产品每片晶圆上设计的芯片数量为 100 个，有的则是 1000 个。以刻蚀机为例，如果刻蚀机在晶圆生产过程中会在晶圆上会造成 10 个缺陷，这个设备对不同产品晶圆造成的良率损失就不相同。对于晶圆上有 100 个芯片的产品，10 个缺陷造成的良率损失为 10%；对于晶圆上有 1000 个芯片的产品，良率损失只有 1%。为了弥补这个问题，在芯片制造过程中需要引入另一个衡量指标——缺陷（Defect）。

缺陷是指制造工艺过程中一切不符合设计规则的存在，包括设计缺陷和制造缺陷。在集成电路制造业中主要讨论的是制造缺陷，一般来说是指物理结构异常或者是一些不可见的物理化学性质异常导致的器件性能异常。缺陷这个指标又是如何衡量制造工艺过程好坏的呢？在集成电路制造业中，人们通过定义在晶圆单位面积上发现的缺陷个数，即缺陷密度来衡量工艺、设备的稳定性。因此，通过引入缺陷密度这个标准就能很好解决同样数量的缺陷对不同产品造成良率影响不一样的问题，在生产过程中也能更好统一管理、监控工艺结果和设备稳定性。

缺陷控制对于集成电路制造过程尤为重要。其中造成绝大多数缺陷的罪魁祸首是颗粒。因此在半导体芯片制造过程中随着单位面积上晶体管数量的增加，对颗粒数量的容忍程度越来越低。颗粒在半导体生产过程中让无数的工程人员头疼，因为它无处不在，对颗粒的控制是每一代工艺以及设备的重要课题。

8.2　缺陷和颗粒问题带来的影响

缺陷通常会造成集成电路的性能测试失败，例如造成芯片局部短路、断路、漏电等。如果是存储器芯片，会造成读/写异常，数据丢失；如果是处理器芯片，会造成运算结果错误。因此集成电路制造业对缺陷密度有严格的控制。另外一个重要原因是，每个芯片都是成百上千道工艺后的最终产品，其中任何一道工艺的问题都会累积下来，给产品的良率及最终性能造成影响。例如，一个芯片有100 道制造工艺，每道工艺缺陷造成的良率损失为 1%，100 道工艺后良率只有36.6%，可见对缺陷的控制在集成电路制造这种长流程制造体系中的重要性。

另外，不同类型、不同位置的缺陷对芯片的良率影响程度有很大区别。同样的缺陷，但出现在不同区域，造成的影响差异非常大。图 8.1 为铝刻蚀及造成缺陷示意图。通过掩模图形，经过刻蚀工艺后想得到三个独立铝线条结构，但由于颗粒在工艺前落在图中 A 区域，经过刻蚀工艺后 A 区域会形成由于颗粒造成的图形结构缺陷，铝线条顶部刻蚀并不完整，会对后一道工艺造成影响；如果颗粒在工艺前落在图中 B 区域，经过刻蚀后造成原本两根独立的铝线连接。从电路角度看，A 区域虽然结构有差异，但并不影响电路功能；B 区域由于缺陷造成两条铝线互连，导致了电路功能的实质变化，会影响产品的最终良率。

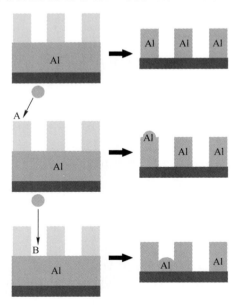

图 8.1　铝刻蚀及造成缺陷示意图

8.3　缺陷和颗粒污染控制手段

颗粒的来源非常广泛，可以归纳为以下几点：

① 外部环境，包括洁净室的空气、放置晶圆的载盒；

② 操作人员，包括操作人员的毛发、皮肤屑脱落，所穿无尘衣、手套等，人员化妆及个人携带物，甚至呼吸都会造成颗粒引入；

③ 工艺生产因素，包括晶圆自身携带的颗粒，反应气体、液体携带的颗粒，工艺产生副产物形成的颗粒；

④ 设备，包括零部件老化、腐蚀产生的颗粒，传输系统接触或振动引入的颗粒，反应过程中反应腔表面材料剥落，等等。

因此，为解决环境中的颗粒问题，半导体芯片生产厂房需要特殊设计，保证内部有足够的洁净度，称为"净化间"。单位面积颗粒的数量是衡量洁净等级的重要衡量标准，净化间等级越高，空气中颗粒含量越少。进入净化间的人员必须经过"特殊处理"，要穿着特制的净化服，保证身体绝大部分被覆盖。在解决好环境中的颗粒问题后，生产设备中引入的颗粒就成为要解决的重中之重。目前，生产过程中产生的缺陷问题绝大多数来自设备，来自工艺的占比相对较少，而且往往在生产前期出现。因此，在缺陷颗粒改善的定位上，往往是以如何有效降低设备所造成的缺陷为重点。

本节将主要介绍刻蚀设备产生的颗粒类型及其控制。

8.3.1　刻蚀机传输模块的颗粒缺陷和颗粒控制

首先简单介绍一下刻蚀机的传输系统及其工作原理。刻蚀机各模块示意图如图 8.2 所示。一般来说，等离子体刻蚀工艺的反应压力条件都是毫托（mTorr）级别的，但我们的工作环境是大气（1atm=760Torr）。为保证工艺可以稳定进行，晶圆在工艺前必须从大气环境变为真空环境。所以从压力条件看，刻蚀机分为大气模块、大气-真空转化模块、真空模块三大模块。在集成电路制造过程中，晶圆会装在专门盛放晶圆的载盒中，在常压环境下放置在刻蚀机的装载模块（LP）上。刻蚀机大气传输模块（ATM）中的机械手将载盒中的晶圆取送到大气传输模块，为防止后续传输过程中由于位置偏差造成碰撞，会对晶圆进行位置校准，之后机械手将晶圆送入设定好的大气-真空切换腔中。当大气-真空切换腔将腔内大气环境通过抽气的方式变成真空环境（mTorr 级）后，与真空传输模块（VTM）隔离的阀门会打开，真空传输模块中的机械手会将晶圆取出并通过真空传输模块输送到工艺反应模块中进行刻蚀。当晶圆完成刻蚀后，机械手会将其从工艺反应模块中取出并经过真空传输模块放置于大气-真空切换腔中。切换腔会通过设定的程序充入气体，将腔内压力逐渐升高，最终达到大气压后，与大气模块的隔离阀打开，与大气模块相连，大气模块机械手会将晶圆从大气-真空切换腔中取走并传回装载晶圆的载盒。用图 8.2 中的数字来表示传输路径就是①→②→③→④→⑤或⑥→④→⑦→②→⑧。

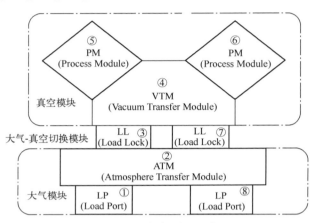

图 8.2　刻蚀机各模块示意图

1．模块零部件腐蚀

等离子体刻蚀工艺过程中会使用特定气体对晶圆进行刻蚀，工艺结束后晶圆表面或多或少总会吸附或附着一些工艺气体。由于在生产过程中晶圆会源源不断地被传入刻蚀机→进行工艺处理→被传出，这个过程中，晶圆表面的这些工艺气体也会随着被逐渐释放出来。由于一片晶圆工艺结束进入载盒后，并不会被立即密封取走，而是会等待其他载盒中的晶圆全部完成工艺后才会随载盒密封，因此晶圆会有一段时间暴露在刻蚀机大气模块中。有些刻蚀工艺会用到一些腐蚀性气体参与刻蚀，如 Cl_2、HBr 等。当这些腐蚀性气体附着在晶圆表面随晶圆从真空模块转入大气模块时，会与大气中的水气结合生成相应的酸。随着时间的累积，这些酸会腐蚀设备的部件并由此产生颗粒问题。

一个典型的由于 LP 与 ATM 连接处腐蚀造成颗粒的案例如图 8.3 所示，从图中可以看到，大多数颗粒在晶圆上半部分。该案例中，晶圆的传输方向正是从颗粒分布较多的位置朝向 ATM，且颗粒成分分析显示与传输部件元素吻合，在机械手抓取晶圆进入 ATM 过程中，LP 与 ATM 连接处被腐蚀，有颗粒掉落到晶圆上。

晶圆所携带的残留工艺气体除了会造成设备腐蚀，还会对晶圆本身造成影响。为解决这个问题，刻蚀机一般会配有晶圆残气稀释、置换装置。这种装置一般是通过惰性气体（如氮气等）流入，同时又通过排气口排走气体，形成气流不断冲刷晶圆表面从而带走残留气体。一般在工艺中使用过一些腐蚀气体的晶圆，会在工艺结束后先进入这种装置放置一段时间，等表面残留气体都被置换后再传回载片盒中，这样避免了残留工艺气体大量挥发到设备中的问题。设备上的置换装置就成了被腐蚀的高风险部件，定期维护清理就成了必要的工作。

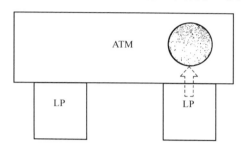

图 8.3 典型的由于 LP 与 ATM 连接处腐蚀造成颗粒的案例

2. 传输模块零部件连接处的颗粒累积

刻蚀机中的工艺反应模块是晶圆进行工艺反应的场所。由于等离子体刻蚀工艺过程中不但会使用一些特殊气体，如 Cl_2 和 HBr 等，还会有等离子体辐射产生，所以工艺反应模块必须密闭，防止有害气体泄漏和工艺过程中的辐射泄漏，同时固定的封闭空间也是保证工艺稳定的必要条件。为了保证空间的密闭，同时也保证晶圆可以顺畅进出，目前刻蚀机的主流设计是真空传输模块和工艺反应模块通过门阀连接，当晶圆需要进或出工艺模块时，门阀打开晶圆通过，晶圆进入或离开工艺模块后立即关闭门阀保证工艺模块的密闭。因此门阀就成为一个可活动部件。图 8.4 为晶圆传输进出腔室示意图。门阀上端容易累积颗粒等杂质，当累积的颗粒没有被及时清除就容易使晶圆在传输过程中受到颗粒污染。在集成电路制造过程中一般会定期对设备进行维护，这些易累积颗粒的部件尤其要重点清理，保证生产稳定。虽然维护可以有效解决累积颗粒，但在维护周期内如何保证不会出现颗粒问题尤其重要。现在常用的手段是在打开门阀的时候使用气流吹扫门阀上端，这样颗粒累积会大大减轻。

3. 传输模块的气路污染

在刻蚀机中，晶圆被传输到工艺模块前要通过大气-真空切换腔从大气端进入真空端，而工艺结束后要从真空端经过切换腔进入大气端。大气-真空切换腔（LL 腔）的工作状态如图 8.5 所示。当晶圆需要从大气状态切换至真空状态时，进气管关闭，同时与大气-真空切换腔通过管路相连的泵将腔室内的气体通过连接管路抽掉，使腔室中的压力达到真空级。当晶圆工艺结束后需要从真空转化到大气端回到载片盒时，大气-真空切换腔会将与泵相连的管路关闭并与进气管连通，惰性气体（如氮气等）持续性通入腔室直到腔室达到大气压力 760Torr。当进气管路受到颗粒污染后，颗粒会被气体带入大气-真空切换腔内对腔室造成污染，如果晶圆正在腔室中，则会直接对晶圆造成污染。一般气体管路引入的颗粒会较为严重。一个管路污染后造成的晶圆颗粒超标如图 8.6 所示。这种现象出现往往是两种情况，一种是在设备刚开始运行阶段，气体管路在运输或者安装过程中受到外来颗粒干扰，在设备运行之初较为容易出现；另一种情况是设备在正常运行状态，由于设备进气管前段的管路或者气体受到颗粒污染造成设备的连带污染。为避免这些情况，一般会在刻蚀机进气管与大气-真空切换腔连接的地方安装颗粒过滤装置，保证进入气体无颗粒携带；同时严格控制和管理相关管路部件的包装运输以及后期安装。

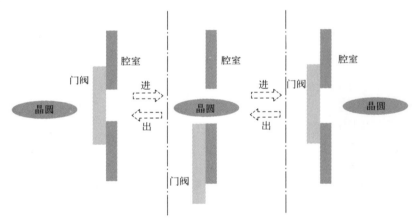

图 8.4　晶圆传输进出腔室示意图

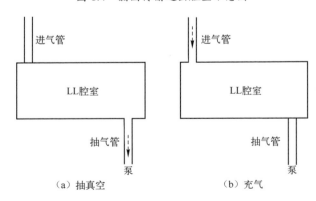

图 8.5　大气-真空切换腔（LL 腔）的工作状态图

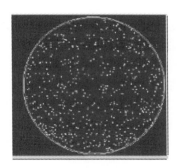

图 8.6　由于管路受到颗粒污染造成晶圆颗粒超标

8.3.2　刻蚀机工艺模块的颗粒缺陷和颗粒控制

1. 工艺模块的反应气路腐蚀

在设备运行状态下，工艺模块内部处于密闭真空状态；在设备维护状态下，工艺模块与前面介绍的传输模块类似，通过气路通入惰性气体等将气压提升至大气状态，方便人员对设备内部进行维护。但对于刻蚀设备来说，大气环境并不受欢迎。因为在大气环境中存在着一定的"水汽"，当腔体在维护的时候，气体管路会接触大气环境，即便在维护前会对管路反复进行气体冲刷，但实际管路中或多或少都会残留一定的工艺气体，特别是 Cl_2 和 HBr 等。与 8.3.1 节中介绍的传输模块的腐蚀现象类似，Cl_2、HBr 与水汽结合形成酸，会逐渐腐蚀气体管路，从而形成颗粒问题。如果是由于工艺模块气路造成的颗粒问题，一般会出现在晶圆对应气路的位置，如图 8.7 所示。由于出现该问题的设备气路在工艺模块的顶部中心位置，因此就形成了图中的情况。为控制进气管路在维护状态下与水汽接触，会通过特殊设计在维护过程中第一时间封堵进气管路，从而最大程度隔绝空气，避免管路腐蚀；在结束设备维护后再将封堵装备移除，保证后续设备正常恢复。

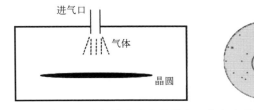

图 8.7　进气管路造成晶圆中心集中出现颗粒

2. 工艺模块反应腔内部附着副产脱落或腔体内表面缺陷

在等离子体刻蚀过程中，反应腔内部会与等离子体接触，而刻蚀过程中等离子体与晶圆发生反应会产生一些副产物，这些副产物大多会随气体被腔室下端的泵抽走，但也会有一部分副产物在抽走前附着或被吸附在腔室内表面。当副产物累积到一定程度并且受到等离子体轰击或气流冲刷后，副产物与腔室内表面的吸附能力减弱，非常容易在晶圆刻蚀过程中掉落在晶圆表面形成颗粒缺陷。图8.8所示是极为典型的刻蚀过程中掉落颗粒造成刻蚀缺陷案例，图形中间有一大块未刻蚀的区域。这是由于刻蚀过程中，颗粒掉到晶圆表面，颗粒成分无法与等离子体反应或无法完全反应，从而造成本该刻蚀的区域没有参与反应，可以理解为有东西盖在了这部分区域上阻止了反应。

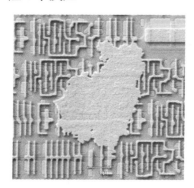

图 8.8　极为典型的刻蚀过程中掉落颗粒造成刻蚀缺陷案例

为防止反应副产物在腔室内累积，一般在完成一次刻蚀工艺后，会"清理"刻蚀反应腔。具体方式是在结束刻蚀后或者下次刻蚀开始之前，通过等离子体对腔室内表面的副产物进行轰击或者与腔室内表面的副产物反应将内表面的副产物清理干净。刻蚀过程中等离子体不仅仅会刻蚀晶圆，同样会轰击腔室内表面，与腔室内表面发生反应，造成材料表面的损伤，并产生颗粒问题。有些工艺条件下会在清理完的腔室表面在附着一层保护膜，其目的是保证每次晶圆工艺开始时腔室内环境一致，同时也防止副产物在腔室内表面累积和等离子体对腔室内表面的轰击，减少部件损伤。同样在工艺结束后，会通过等离子体反应将这层保护膜去除。过程为晶圆刻蚀→清理腔室→形成保护膜→晶圆刻蚀。虽然以上方式可以极大减小副产物造成的颗粒影响，但无法完全杜绝，因此改进腔室设计及腔室材料是众多厂商防止反应副产物在腔室内累积的主要方式。

8.4　提高刻蚀量产稳定性的方法

在半导体刻蚀工艺中，量产是一个重要的标志。一个工艺、设备进入量产就意味着最终的良率满足要求。不能小看集成电路制造中"量产"这两个字的分量。以刻蚀设备为例，进入工厂端后首先要进行设备调试，使设备达到工作状态后再进行工艺调试，保证工艺结果中的各项重要指标在管控范围内；在这之后仍需要用小批量晶圆去收集数据，待小批量产品的良率合格后再进行大批量产品生产测试，汇总一段时间大批量产品生产结果。只有整个产品的良率满足，才会将该设备认定为可以量产。整个过程有好几道工序，整个验证流程短则半年，长则数年，其中任何一处失败都需要重新开始。但是设备进入量产阶段后也不是万事无忧，如前几节介绍到的，各种颗粒问题都会在量产阶段出现。因此工艺量产的稳定性就是各大芯片制造企业最为关心的问题，也是评判一道工艺或设备的重要标准。

针对本章前面介绍的颗粒问题，这里着重介绍一下刻蚀设备中反应腔内部的一些常用优化手段。以减少等离子体对腔室内表的损伤为例，设备生产商往往会优化腔室内表面的材料及其制作工艺，使其更耐等离子体轰击，或者将腔室内表面永久地涂一层耐等离子体、耐高温材料，将腔室内表面完整地保护起来。

本节先以 Al 刻蚀为例讲解一些常用优化手段。Al 刻蚀工艺常会用到 BCl_3 和 Cl_2 这两种气体作为刻蚀气体。Al 刻蚀腔室内表面通常是用一定厚度的 Al_2O_3 来保护。在长期生产过程中发现，在等离子体环境下 Al_2O_3 也会被刻蚀掉，刻蚀程度与工艺条件关联性很大。BCl_3 在等离子体条件下对 Al_2O_3 的刻蚀作用最强。有文献报道，75μm 厚度的 Al_2O_3 膜层在由 BCl_3 和 Cl_2 参与的等离子体刻蚀工艺条件下，经过 1800 次工艺后，腔室部分位置的 Al_2O_3 会被刻蚀完。如果腔室内表面是同样厚度的 Y_2O_3（三氧化二钇），则会极大延长工艺时间。大量实验也验证了 Y_2O_3 的耐刻蚀性能[1]。

除 Al 刻蚀外，Si 基材料（多晶硅、SiO_2、Si_3N_4 等）刻蚀也是半导体工艺中非常重要的环节。目前芯片的主要电路结构都是在 Si 基底上进行的，因此 Si 基材料刻蚀工艺对腔室的要求要比 Al 刻蚀工艺更高。对于 Si 基材料来说，等离子体刻蚀工艺中主要会用含 F 材料，例如 CF_4、SF_6、NF_3 等，使用 Al_2O_3 的腔室，经过工艺后表面都会形成 AlF，AlF 材料在等离子体轰击下极容易剥落形成颗粒，造成刻蚀缺陷。虽然 Y_2O_3 在工艺过程中形成 YF，但在半导体生产情况来看，使用 Y_2O_3 作为腔室内表面保护层的设备表现要好于 Al_2O_3[2]。目前 Y_2O_3 被广泛用于半导体的刻蚀设备中。

8.3.2 节提到过，工艺前在腔室内表面形成一层保护膜会有效减少副产物在内表面的附着和对内表面的损伤，因此目前很多晶圆生产厂商都会采用在腔室优化后的条件下，在晶圆工艺前再形成一层保护膜的生产方式。这种方式的另外一种优势是可以保证每片晶圆的工艺一致性。如 8.3.2 节介绍，腔室内表面在一定工艺时间后表面材料会发生变化，而且刻蚀腔室只做一种工艺在现实情况中比较少见，最常见的使用方式是一个刻蚀腔室会进行多种工艺，使用不同气体，因此如何保证不同晶圆在工艺开始前腔室内环境一致，就是一个十分现实和棘手的问题。若每次工艺前都可以在腔室内表面附着一定厚度的膜层，就可以保证在每次工艺开始前腔室内环境一致，反应结束后再将这些膜层清除掉，又能保证腔室再次附着膜层的厚度一致。目前在 Si 刻蚀的工艺中，最常使用的是使 $SiCl_4$ 和 O_2 这两种气体反应生成 SiOCl 沉积在腔室内表面，来保证每次工艺前腔室环境的一致性。但这种手段也有一定的局限性，一般来说，保护膜往往是通过气体反应生成的沉积物，这种沉积物必须具备的特点是可以通过等离子体刻蚀去除。当去除保护膜后，表面仍然会暴露在等离子体中。因此在刻蚀设备中，腔室内表面在使用 Y_2O_3 工艺前，使用 SiOCl 沉积在腔室内的组合较为常见。

除以上两种优化方式外，刻蚀设备经过多年的发展，也形成了一些提升腔室工艺稳定性的方式。比如提升腔室接触等离子体部件的温度，使腔室内表面不容易附着反应副产物。目前在一些比较先进的刻蚀设备中都有大量对腔室加热和控制温度的设计。再比如反其道而行，改变腔室内表面的微观形貌使反应副产物不容易脱落，在工艺结束后通过化学反应将反应副产物清除，从而在工艺生产过程中不会对晶圆造成影响。

目前各大设备生产商都在积极探索如何在刻蚀精度要求越来越高的大环境中不断地提升设备稳定性，这也是刻蚀设备长期面临的一大挑战。

参 考 文 献

[1] Shih H. A systematic study and characterization of advanced corrosion resistance materials and their applications for plasma etching processes in semiconductor silicon wafer fabrication[C]//Corrosion Resistance. IntechOpen, 2012.

[2] Cunge G, Pelissier B, Joubert O, et al. New chamber walls conditioning and cleaning strategies to improve the stability of plasma processes[J]. Plasma Sources Science and Technology, 2005, 14(3): 599.

反侵权盗版声明

　　电子工业出版社依法对本作品享有专有出版权。任何未经权利人书面许可，复制、销售或通过信息网络传播本作品的行为；歪曲、篡改、剽窃本作品的行为，均违反《中华人民共和国著作权法》，其行为人应承担相应的民事责任和行政责任，构成犯罪的，将被依法追究刑事责任。

　　为了维护市场秩序，保护权利人的合法权益，本社将依法查处和打击侵权盗版的单位和个人。欢迎社会各界人士积极举报侵权盗版行为，本社将奖励举报有功人员，并保证举报人的信息不被泄露。

举报电话：（010）88254396；（010）88258888

传　　真：（010）88254397

E-mail：dbqq@phei.com.cn

通信地址：北京市海淀区万寿路 173 信箱
　　　　　电子工业出版社总编办公室

邮　　编：100036